高等院校计算机任务驱动教改教材

Web前端基础
项目化教程
（电子活页式）

游 琪　伍健聪　张广云
张玉娥　李 津　李 彬　编著

清华大学出版社
北京

内 容 简 介

本书以"珠海航展"网站项目为主线,通过项目讲解网页设计与制作的相关知识。全书从 Web 前端开发初学者的角度出发,系统并详细地介绍了运用 VS Code 软件制作网页的全部知识和各种设计技巧,鼓励学生在实践中加深对 Web 前端开发基础相关内容的理解与掌握。本书共分 7 个项目,主要包括 Web 前端相关知识、页面布局相关技术 HTML 基础、HTML5 新增元素、CSS 样式基础、CSS3 新增选择器和属性、盒子模型等内容。全书内容由浅入深,通俗易懂,在讲解时对操作过程中的每一个步骤都有详细的说明,并配有适当的图形;每个知识点采用"任务驱动"模式进行编写,通过具体的课堂任务案例及课后练习加深对知识的理解。

本书可作为本科及职业院校计算机专业的教材,也可作为 Web 前端开发初学者的自学用书。

本书封面贴有清华大学出版社防伪标签,无标签者不得销售。
版权所有,侵权必究。举报:010-62782989,beiqinquan@tup.tsinghua.edu.cn。

图书在版编目(CIP)数据

Web 前端基础项目化教程:电子活页式/游琪等编著.—北京:清华大学出版社,2022.8(2024.8重印)
高等院校计算机任务驱动教改教材
ISBN 978-7-302-61135-6

Ⅰ.①W… Ⅱ.①游… Ⅲ.①网页制作工具-高等学校-教材 Ⅳ.①TP393.092.2

中国版本图书馆 CIP 数据核字(2022)第 110665 号

责任编辑:张龙卿
封面设计:徐日强
责任校对:刘 静
责任印制:杨 艳

出版发行:清华大学出版社
网　　址:https://www.tup.com.cn,https://www.wqxuetang.com
地　　址:北京清华大学学研大厦 A 座　　　　邮　编:100084
社 总 机:010-83470000　　　　　　　　　　邮　购:010-62786544
投稿与读者服务:010-62776969,c-service@tup.tsinghua.edu.cn
质量反馈:010-62772015,zhiliang@tup.tsinghua.edu.cn
课件下载:https://www.tup.com.cn,010-83470410

印 装 者:三河市天利华印刷装订有限公司
经　　销:全国新华书店
开　　本:185mm×260mm　　　印　张:12.5　　　字　数:302 千字
版　　次:2022 年 8 月第 1 版　　　　　　　　　　印　次:2024 年 8 月第 3 次印刷
定　　价:45.00 元

产品编号:093282-01

前　言

习近平总书记在党的二十大报告中指出：教育、科技、人才是全面建设社会主义现代化国家的基础性、战略性支撑；必须坚持科技是第一生产力、人才是第一资源、创新是第一动力；深入实施科教兴国战略、人才强国战略、创新驱动发展战略，这三大战略共同服务于创新型国家的建设。

本书以"Web前端开发职业技能等级标准"为编写依据，在编写过程中以真实项目为导向，采用由浅入深、由易到难的方式讲解相关知识和技能。

一、本书内容

全书结构清晰，内容丰富，主要内容包括以下三个方面。

（1）快速入门：项目1介绍Web基础知识、互联网基础、网站的分类、网站的开发流程和Web前端开发工具等内容。

（2）Web前端开发基础技术：项目2～项目6介绍了HTML语言基础、HTML5新增元素、CSS样式基础、CSS3新增选择器和属性、应用DIV+CSS技术灵活布局网页等内容。

（3）企业网站开发：项目7介绍电商网站规划及开发流程，灵活运用所学知识开发电商网站。

二、本书特点

（1）对接产业需求，提升教材质量：本书突出职业教育特色，深化专业设置与产业需求对接、课程内容与职业标准对接、教学过程与生产过程对接，深化产教融合，全面提升了教材质量。

（2）配备完备的教辅资源：本书配套精品教学资源辅助辅教学及学生学习。教学资源包括教学大纲、电子教案、课件、源代码、教学视频（扫描书中二维码观看）等，另外，本书还以电子活页的形式呈现相关内容。本书丰富立体的课程资源降低了学习的难度，方便学生自主学习，减轻了教师的负担。

（3）以课证融通为本，实现了1+X的深度融合：本书符合1+X考纲需求，内容体系完整，知识点循序渐进，结合丰富的案例、动手实践以及综合项目的开发，展现行业新业态、新水平、新技术，实现了1+X的深度融合。

三、思政元素

本书是将思政元素渗透到具体章节中,使学生在学习专业知识的过程中可以领悟到其中蕴含的思想价值及人文精神,增强课程的知识性、引领性和时代性,培养学生精益求精的大国工匠精神,使本书达到提着升学生综合素养的目的。

信息技术的发展日新月异,书中难免会有疏漏之处,敬请各位专家和读者提出宝贵意见。

编　者

2023 年 1 月

目 录

项目 1　Web 前端技术基础 …………………………………………… 1

　　任务 1.1　Web 简介 ………………………………………… 2
　　任务 1.2　互联网基础 ……………………………………… 3
　　任务 1.3　网站的分类 ……………………………………… 7
　　任务 1.4　网站的开发流程 ………………………………… 16
　　任务 1.5　Web 前端开发工具 ……………………………… 19

项目 2　HTML5 应用 …………………………………………………… 27

　　任务 2.1　创建第一个 HTML5 页面——珠海航展首页 ……………… 28
　　任务 2.2　文本排版与格式——珠海航展知识 ……………………… 32
　　任务 2.3　项目列表——航展新闻列表 ……………………………… 35
　　任务 2.4　超级链接——航展新闻列表 ……………………………… 36
　　任务 2.5　表格和图片设置——航展精彩图集 ……………………… 38
　　任务 2.6　表单注册——航展注册页面 ……………………………… 41
　　任务 2.7　HTML5 新功能应用——航展交流互动 …………………… 43

项目 3　CSS 样式基础 ………………………………………………… 49

　　任务 3.1　使用 CSS 样式修饰文本——珠海航展知识 ……………… 49
　　任务 3.2　设置超链接样式——航展新闻列表 ……………………… 64
　　任务 3.3　修饰图像、表格和背景——航展精彩图集 ……………… 67

项目 4　CSS3 新增选择器和属性 ……………………………………… 71

　　任务 4.1　CSS3 新增选择器——航展区地图 ………………………… 71
　　任务 4.2　CSS3 新增属性——航展飞行表演 ………………………… 77

项目 5　盒子模型 ……………………………………………………… 89

　　任务 5.1　认识盒子模型 ……………………………………………… 90
　　任务 5.2　盒子模型相关属性 ………………………………………… 93
　　任务 5.3　元素的类型与转换 ………………………………………… 107
　　任务 5.4　外边距合并 ………………………………………………… 115

项目 6　制作珠海航展首页 ·· 121
　　任务 6.1　珠海航展首页布局结构 ··· 121
　　任务 6.2　制作珠海航空展首页 ·· 141

项目 7　开发网上商城首页 ·· 163
　　任务 7.1　项目规划 ··· 163
　　任务 7.2　制作 GK 商城网站首页 ··· 166

参考文献 ··· 194

项目 1　Web 前端技术基础

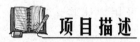 **项目描述**

　　互联网(Internet)又称因特网或国际网络。互联网始于 1969 年美国的阿帕网,是网络与网络之间联成的庞大网络。这些网络以一组通用的协议相联接,形成逻辑上的单一巨大国际网络。严格意义上说,internet 泛指互联网,而 Internet 则特指因特网,但通常两者都被称为互联网。将计算机网络互相联接在一起的方法可称作"网络互联",在此基础上发展出覆盖全球的互联网络称互联网,即互相连接在一起的网络结构。互联网并不等同于万维网。万维网只是一个基于超文本相互链接而成的全球性系统,是互联网所能提供的服务之一。

　　本项目主要通过介绍互联网基础、网页的基本组成元素、网站类型和结构、Web 标准、布局结构和网页制作的常用软件网站开发流程等,让大家对互联网的基础知识和网页设计有一个初步的认识。

 知识目标

- 了解 Web 前端基础和互联网基础
- 掌握网页中的元素
- 掌握网站开发流程
- 掌握 Web 前端开发工具的使用

 职业能力目标

- 熟悉网页设计元素组成
- 熟悉开发网站的基本流程
- 熟练运用常用的 Web 前端开发工具

 **教学导航**

教学重点	互联网基础、开发工具的使用
教学难点	VS Code 或 HBuilder 工具的使用
推荐教学方式	讲授、案例教学、问题导向或讨论
推荐学时	2 学时
推荐学习方法	动手安装工具,并利用工具创建页面

任务 1.1　Web 简介

任务描述

Web 前端：浏览器展现给用户的所有内容（设计＋布局＋特效＋交互）。

Web 前端的发展：随着时代的发展，在这样一个"体验至上、视觉为王"的时代，现在的互联网产品不再像以前那样只追求功能的实现，而是更在乎视觉效果及用户体验。基于这样的时代需求，Web 前端在产品组成中起到了举足轻重的作用。

职业方向：网站开发（PC＋移动）、游戏制作、App 开发等。

开发语言：HTML＋CSS＋JavaScript。

任务实现

通过百度百科了解 Web 前端开发类型和 Web 工作原理。

任务 1.1　Web 简介.mp4

相关知识与技能

1. Web 前端开发类型

1）网站

网站是在互联网上拥有域名或地址并提供一定网络服务的主机，是存储文件的空间，以服务器为载体。人们可通过浏览器等进行访问、查找文件，也可通过远程文件传输（FTP）方式上传、下载网站文件。

2）微信公众号

微信公众号是开发者或商家在微信公众平台上申请的应用账号，该账号与 QQ 账号互通，在平台上实现和特定群体的文字、图片、语音、视频的全方位沟通、互动，形成了一种主流的线上及线下微信互动营销方式。

3）手机 App

手机 App 主要指安装在智能手机上的软件，可以完善智能手机原始系统的不足并能体现个性化的特点，使手机功能更完善，并为用户提供更丰富的使用体验。

手机 App 根据安装来源不同，又可分为手机预装软件和用户自己安装的第三方应用软件。手机预装软件一般指手机出厂自带，或第三方刷机渠道预装到消费者手机当中且消费者无法自行删除的应用或软件。除了手机预装软件之外，还有用户从手机应用市场自己下载并安装的第三方手机 App 应用，下载类型主要集中在社交及社区类软件。

手机 App 主要类别分为原生 App、Web App、混合 App。

（1）原生 App：基于手机本地智能操作系统而选择不同的 App 开发语言的 App 开发服务。例如，使用 Android（本地智能操作系统）开发语言 Java 或者使用 Native C/C++ 开发出来的 App 都称为原生 App。通俗地说，个人在应用商店下载的 App 都是原生 App。

（2）Web App：基于 Web 网页的系统和应用有点类似于垂直发展的社群，主要是在拓展业务发展范围，增加用户量。Web App 一般是基于网页上的，但是出于用户体验的需要，一般会将 Web App 的 UI 界面向有原生 App 设计感觉的 UI 界面靠拢。网页编辑器、QQ 空间、百度新闻、百度视频、百度图片等都算是 Web App。

（3）混合 App：介于 Web App 和原生 App 两者之间的 App，既可以调用原生 App（重要的业务页面、复杂的动画交互、系统 UI 等），又具有 Web App 跨平台优势，开发速度也要比 Web 模式和原生开发模式快很多。

互联网产品的特点如表 1-1 所示。

表 1-1　互联网产品的特点

类　　型	适　用　性	便　捷　性	推 广 成 本
网站	宣传、展示	能直接访问	低
微信公众号	交互性及微信营销	需要先关注	推广成本较低
移动 App	特定功能	需要先安装才能使用	推广成本较高

2. Web 工作原理

在 Web 服务器上，主要以网页（Web page）的形式来发布多媒体信息，网页采用超文本标记语言 HTML（hyper text markup language）来编写。当使用浏览器连接到 Web 服务器并获取网页后，通过对网页 HTML 文档的解释及执行，将网页所包含的信息显示在用户的屏幕上，如图 1-1 所示。

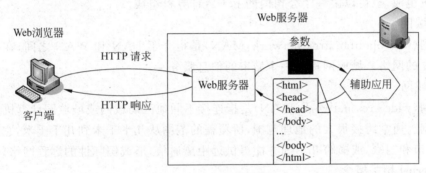

图 1-1　Web 工作原理

任务 1.2　互联网基础

任务描述

互联网看似很复杂，如果从它的工作方式上看，可以划分为两部分。①边缘部分：由所有连接在互联网上的主机组成。这部分是用户直接使用的，用来进行通信（传送数据、音频或视频）和资源共享。②核心部分：由大量的网络和连接这些网络的路由器组成。这部分是为边缘部分提供服务的（提供连通性和交换）。如图 1-2 所示。

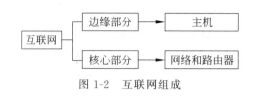

图 1-2 互联网组成

任务实现

通过百度百科了解互联网的基础知识。

相关知识与技能

1. 计算机网络

Internet 作为最庞大的计算机网络,为畅通无阻地交换信息提供了便利。计算机网络按地理覆盖范围可分为局域网、城域网和广域网。

1) 局域网

局域网(local area network,LAN)是指在某一区域内由多台计算机互联而成的计算机网络,一般是方圆几千米以内。局域网可以实现文件管理、应用软件共享、打印机共享、工作组内的日程安排、电子邮件和传真通信服务等功能。局域网是封闭型的,可以由办公室内的两台计算机组成,也可以由一个公司内的上千台计算机组成。

2) 城域网

城域网(metropolitan area network,MAN)是指介于 LAN 和 WAN 之间,在一个城市范围内建立的网络。城域网提供一个城市的信息服务。

3) 广域网

广域网(wide area network,WAN)是指连接不同地区局域网或城域网计算机并进行通信的远程网。通常跨接很大的地理范围,所覆盖的范围从几十千米到几千千米,它能连接多个地区、城市和国家,或横跨几个洲并能提供远距离通信,形成国际性的远程网络。

2. Internet 相关概念

1) WWW

WWW 是环球信息网的缩写,也作 Web、WWW、W3,英文全称为 world wide Web,中文名字为"万维网""环球网"等。WWW 上分为 Web 客户端和 Web 服务器程序。WWW 可以让 Web 客户端(常用浏览器)访问 Web 服务器上的页面。Web 是一个由许多互相链接的超文本组成的系统,通过互联网访问。在这个系统中,每个有用的事物称为一种"资源",并由一个统一资源定位符(URL)标识。各种资源通过超文本传输协议(hyper text transfer protocol)传送给用户,用户通过单击链接来获得资源。

任何一个网站在初建时都应参考 W3C 标准。

2) IP 地址

互联网协议地址(Internet protocol address)简称为 IP 地址(IP address),是分配给用户上网使用的网际协议(Internet protocol,IP)的设备数字标签。常见的 IP 地址分为 IPv4 与 IPv6 两大类,但是也有其他不常用的小分类。

IP 地址就是给每个连接在 Internet 上的主机分配的一个 32bit 地址。bit(比特)换算成字节,就是4个字节(相当于2个汉字)。例如,一个采用二进制形式的IP地址是 00001010000000000000000000000001,这么长的地址,人们记忆起来非常困难。为了方便人们的使用,IP地址经常被写成十进制的形式,中间使用符号"."分开不同的字节。于是,上面的IP地址可以表示为10.0.0.1。

IP地址应用主要分为A、B、C三类,而D、E两类是保留和专用的,如图1-3所示。

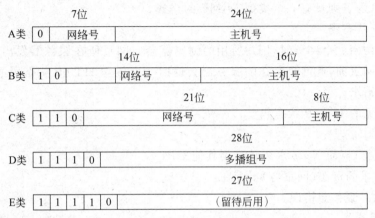

图1-3 五类互联网地址

A、B和C类IP地址的使用范围如表1-2所示。

表1-2 A、B和C类IP地址的使用范围

类型	范围
A	0.0.0.0～127.255.255.255(大型网络,A类网络有127个,每个网络能容纳16 777 214台主机)
B	128.0.0.0～191.255.255.255(中等规模网络,B类网络有16 382个,每个网络能容纳6万多台主机)
C	192.0.0.0～223.255.255.255(小型网络,C类网络可达209万余个,每个网络能容纳254台主机)

3) 域名

网域名称系统(domain name system,DNS)有时也简称为域名,是互联网的一项核心服务。它作为可以将域名和IP地址相互映射的一个分布式数据库,能够使人更方便地访问互联网,而不用去记住能够被机器直接读取的IP地址数串。

国际域名:比如,.com用于商业公司,.net用于网络服务,.org用于组织协会等,.gov用于政府部门,.edu用于教育机构,.mil用于军事领域,.int用于国际组织。

顶级域名:共有243个国家和地区的代码。比如,.CN代表中国,.UK代表英国,.US代表美国。

新顶级域名:biz、info、name、pro、aero、coop、museum。

4) TCP/IP

TCP/IP是Internet的核心,利用TCP/IP可以方便地实现多个网络的无缝连接。通常在Internet上某台主机有IP地址,利用TCP/IP就可以向Internet上的其他任一主机发送IP分组。

5) URL

URL是对可以从互联网上得到资源的位置和访问方法的一种简洁表示,是互联网上标

准资源的地址。互联网上的每个文件都有唯一的 URL，它包含的信息指出了文件的位置以及浏览器应该怎么处理它。

6) HTTP

HTTP 是一个简单的请求—响应协议，它通常运行在 TCP 之上。它指定了客户端可能发送给服务器什么样的消息以及得到什么样的响应。请求和响应消息的头以 ASCII 形式给出，而消息内容则具有一个类似 MIME 的格式。

7) HTTP 状态码

当浏览者访问一个网页时，用户所用的浏览器会向网页所在服务器发出请求。当浏览器接收并显示网页前，此网页所在的服务器会返回一个包含 HTTP 状态码的信息头，用于响应浏览器的请求。

下面是常见的 HTTP 状态码。
➢ 200：请求成功。
➢ 301：资源（网页等）被永久转移到其他 URL。
➢ 404：请求的资源（网页等）不存在。
➢ 500：内部服务器错误。

8) Web 服务器

Web 服务器一般指网站服务器，是指驻留于互联网上某种类型计算机的程序，可以向浏览器等 Web 客户端提供文档，也可以放置网站文件并让全世界的用户浏览，还可以放置数据文件并让全世界的用户下载。目前最主流的三个 Web 服务器是 Apache、Nginx、IIS。

9) 浏览器

浏览器是一种用于检索并展示万维网信息资源的应用程序，这些信息资源可为网页、图片、影音或其他内容，它们由 URL 标识。信息资源中的超链接可让用户方便地浏览相关信息。

不同用户使用的浏览器不同，因此制作网页时，通常需要该网页兼容所有的主流浏览器，目前，常见的有 IE 浏览器（Internet Explorer）、火狐浏览器（Mozilla Firefox）、谷歌浏览器（Google Chrome），图 1-4 所示为这些常见浏览器的图标。

图 1-4　常见浏览器图标

(1) IE 浏览器。Internet Explorer 是微软公司推出的一款网页浏览器。原称 Microsoft Internet Explorer(6 版本以前)和 Windows Internet Explorer(7、8、9、10、11 版本)。

(2) 火狐浏览器。Mozilla Firefox 是一款由 Mozilla 公司开发的自由及开放源代码的网页浏览器。

(3) 谷歌浏览器。Google Chrome 是一款由 Google（谷歌）公司开发的网页浏览器，该浏览器基于其他开源软件撰写，目标是提升稳定性、速度和安全性，并创造出简单且有效率的使用者界面。

以上是目前互联网用户的常用的浏览器。对于一般网站来说,只要兼容这三种浏览器,就能满足绝大多数用户的浏览需求。

10) 路由器

路由器(router)是连接互联网中各局域网、广域网的设备,它会根据信道的情况自动选择和设定路由,以最佳路径并按前后顺序发送信号。路由器是互联网络的枢纽,又称网关设备,其作用相当于"交通警察"。目前路由器已经广泛应用于各行各业,各种不同档次的路由器产品已成为实现各种骨干网内部连接、骨干网间互联,以及骨干网与互联网互联互通业务的主要设备。

路由器和交换机之间的主要区别是:交换机发生在 OSI 参考模型第二层的数据链路层,而路由器发生在第三层的网络层。这一区别决定了路由器和交换机在移动信息的过程中需使用不同的控制信息,所以说两者实现各自功能的方式是不同的。

路由器用于连接逻辑上分开的多个网络。所谓逻辑网络是代表一个单独的网络或者一个子网。当数据从一个子网传输到另一个子网时,可通过路由器的路由功能来完成。因此,路由器具有判断网络地址和选择 IP 路径的功能,它能在多网络互联环境中建立灵活的连接,可用完全不同的数据分组和介质访问方法连接各种子网。路由器只接受源站或其他路由器的信息。

任务 1.3 网站的分类

任务描述

互联网已经发展多年,网络早已成为我们生活中不可或缺的一部分了,Internet、局域网及手机移动互联网等,生活中处处反映着网络的力量。网络的快速发展也拉动了一些新兴产业,如网络游戏、网络聊天、网上影视,都在飞速发展。同时,网络传媒、电子商务等给更多企业带来了无限的商机。互联网具有强大功能的元素是网站,在互联网上的交流离不开网站这个载体。当然,具有载体功能的网站也是有一定规则和标准的,并不是随意生成的。

任务实现

大家参考下面"相关知识与技能"中的"网页和网站"部分内容,能够分清各种类型的网站。

任务 1.3 网站的分类.mp4

相关知识与技能

1. 网页和网站

网页实际上是一个 HTML 文件,用户用浏览器负责解读这份文件。网站是有许多 HTML 文件集合而成的。两者相互关联:网站是由网页集合而成的,而大家通过浏览器所看到的画面就是网页。

7

1) 网页

网页(Web page)作为一个文件存放在世界某个角落的某一台计算机中,而这台计算机必须是与互联网相连的。网页经由网址(URL)识别与存取,是万维网中的一"页",采用了超文本标记语言格式(静态网页文件扩展名为.html 或.htm)。用户在浏览器中输入网址后,经过一个复杂而又快速的过程,网页文件被传送到用户的计算机,通过浏览器解释网页的内容后,再展示给用户。

2) 网站

网站(Web site)是指在互联网上根据一定的规则制作并用来展示特定内容的相关网页的集合。简单地说,网站是一种通信工具,人们可以通过网站发布自己想要公开的信息,或者利用网站提供相关的网络服务。人们可以通过浏览器访问网站,获取自己需要的信息或者享受网络服务。衡量一个网站的性能通常从网站空间大小、网站位置、网站链接速度(俗称"网速")、网站软件配置、网站提供服务等几方面考虑,最直接的衡量标准是这个网站的真实流量。

(1) 网站的类型。主要分为以下类型。

① 按照制作技术划分。按照制作技术可以分为静态网站和动态网站。

静态网站是指全部由 HTML(标准通用标记语言的子集)代码格式页面组成的网站,即网站主要由静态化的页面和代码组成,所有的内容包含在网页文件中,网页上也可以出现各种动态视觉效果,如 GIF 动画、Flash 动画、滚动字幕等。静态网页文件通常使用.html、.shtml 等文件扩展名,实际存在的网页无法处理用户的交互信息,如图 1-5 所示。

图 1-5 静态网站的页面

动态网站并不是指具有动画功能的网站,而是指网页内容可根据不同情况动态变更的网站,一般情况下动态网站通过数据库实现动态交互。动态网站除了要设计网页外,还要通过创建数据库和编写程序来使网站具有更多的高级功能。动态网页文件通常以.jsp 和.php等作为文件扩展名。动态网站由程序动态生成,能实现如用户注册、信息发布、产品展示、订单管理等交互功能,如图 1-6 所示。

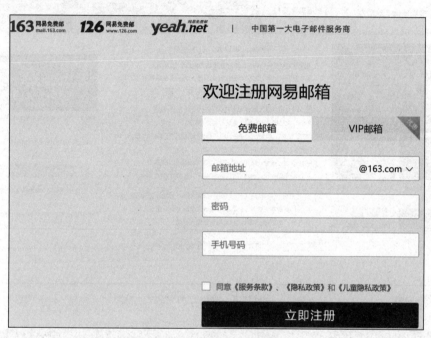

图 1-6　动态网站的页面

② 按照网站内容划分。按照网站内容可以分为门户网站、企业网站、个人网站、专业网站及职能网站。

a. 门户网站：指通向某类综合性互联网信息资源并提供有关信息服务的应用系统。门户网站最初提供搜索服务、目录服务。后来由于市场竞争日益激烈,门户网站不得不快速地拓展各种新的业务类型,希望通过门类众多的业务来吸引和留住互联网用户,以至于目前门户网站的业务包罗万象,成为网络世界的"超市"。

举例来说,搜狐是全球最大的中文门户网站,为用户提供 24 小时不间断的最新资讯及搜索、邮件等网络服务。网站内容包括全球热点事件、突发新闻、时事评论、热播影视剧、体育赛事等。

打开 Google Chrome 浏览器,在地址栏中输入 www.sohu.com.,按 Enter 键打开"搜狐"网站,如图 1-7 所示。

b. 企业网站：在企业网站可以查询到该企业的业务范围、最新消息、针对媒体发放的信息,以及针对投资者的信息等。如图 1-8 所示为华为官网首页。

c. 个人网站：在个人网站可以查找到某个人所发布的一些信息,比如可能为个人文字作品、图片、声音、影片以及联系方式等,如图 1-9 所示。

d. 专业网站：也叫垂直门户网站,是以该网站自己的编辑方式集成其他媒体关于某一

图1-7 搜狐首页

图1-8 华为官网首页

特定领域的报道,并托管在自己的服务器上进行展示。一般来说,科技、法律、体育、娱乐、财经、律师等领域比较容易出现专业网站。如图1-10所示为中国法院网的首页。

e. 职能网站:为了体现某种职能或在某一领域发挥作用而开发的网站。如图1-11所示为中国教育考试网的首页。

项目 1　Web 前端技术基础

图 1-9　个人主页

图 1-10　中国法院网的首页

11

图 1-11 中国教育考试网的首页

（2）网站的结构。主要分为以下三种结构。

① 线状结构。线状结构是网站最简单的结构形式,一般分为单向线状和双向环状两种方式。在线状结构中,网页一层层链接起来,逐步深入,逻辑十分清晰。单向线状方式只提供到下一层网页的链接,即从网页1可以链接到网页2,从网页2可以链接到网页3,依次类推。双向环状方式除了像单向线状那样链接外,还可以倒着链接,比如,从网页3回到网页2,从网页2回到网页1。但无论是单向线状还是双向环状方式,都不能在网页之间自由跳跃链接。线状结构如图1-12所示。

线状结构一般用于信息量较少的小型网站、索引站点,或者用来结构化显示网站中的一部分内容,如在线手册、电子图书、联机文档等。对于信息内容较多的网站,采用这种结构方式就显得层次太深,结构过于单薄,因此,一般不用线状结构设计网站的总体结构。

② 树状结构。顾名思义,树状结构是指整个网站的架构就像一棵大树,有根、有干、有枝、有叶。整个站点把一个网页作为中心,然后从这个中心向外分散出多个分支,在这些分支上,可以继续衍生出新的枝干。每一级网页与上下级网页都是相互连通的,但在不同枝干的上下级网页间不能随意跳转链接。树状结构如图1-13所示。

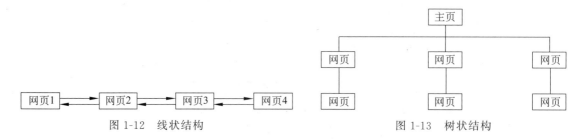

图 1-12　线状结构　　　　　　　　图 1-13　树状结构

树状结构是组织复杂信息的最好方式之一,也是目前网站所采用的主要形式之一。树状结构脉络十分清晰,访问者可以根据路径清楚地知道所在位置。但在建立枝干的层次时,最多不应超过 4 层,层次太多会降低访问者的阅读效率,使访问者产生厌烦情绪。

③ 网状结构。网状结构是指网页之间像一张网一样,可相互链接,随意跳转。网状结构中有一个主页,所有的网页都可以和主页进行链接,同时,各个网页之间也可以随意链接。网页之间没有明显的结构,而是靠网页的内容建立逻辑上的联系。网状结构如图 1-14 所示。

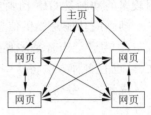

图 1-14 网状结构

采用网状结构的网站,如果网页信息不能科学分类,访问者容易在网页跳转过程中迷失方向,很难快速找到所需要的信息。因此,在使用这种结构时,要适度地进行网页间的链接。

实际上人们发现,一个访问轻松、寻找信息快捷的网站往往是多种网站结构的综合,可能会以树状结构为主框架,在此基础上按照网页信息的分类,对各级网页进行网状编排,对某些特殊的内容进行线状链接。

(3) 网站的基本元素。网站的部分基本元素如图 1-15 所示。下面对常见的元素进行说明。

图 1-15 网站的部分基本元素

① 文本。网页中的信息以文本为主。文本一直是人类最重要的信息载体与交流工具。文本虽然不如图像那样能够很快引起浏览者的注意,但却能准确地表达信息的内容和含义。为了丰富文本的表现力,人们可以通过文本的字体、字号、颜色、底纹和边框等来展现信息。

文本在网页中的主要功能是显示信息和设置超级链接。

② 图像。图像能提供信息,展示作品,装饰网页,表现网站风格和设置超级链接。网页中使用的图像主要采用 GIF、JPEG、PNG 等格式。

➢ GIF 文件的扩展名是.gif。GIF 文件的特点是:文件小,使用时占用系统内存少,调用时间短。

➢ JPEG 文件的扩展名是.jpg。JPEG 文件是适合于扫描的照片、带材质的图像、带渐变色过渡的图像或者多于 256 种颜色图像的最佳格式。

➢ PNG 文件的扩展名是.png。PNG 即为可移植网络图形,支持透明背景和动态效果。

③ 超链接。超链接是网站的灵魂,会从一个网页指向另一个目的端,这个目的端通常

是另一个网页,但也可以是一幅图片、一个电子邮件地址、一个文件、一个程序或者是本页中的其他位置。

④ 动画。动画实质上是动态的图像。在网页中使用动画可以有效地吸引浏览者的注意。有活动的对象比静止的对象更具有吸引力,因而网页上通常有大量的动画。网页中使用较多的动画是 GIF 动画与 Flash 动画。

动画的功能是提供信息,展示作品,装饰网页,实现动态交互。

⑤ 声音。声音是多媒体网页的一个重要组成部分。网页中可以使用不同类型的声音文件,也有多种方法将这些声音添加到网页中。

提示:一般情况下,不要使用声音文件作为网页的背景音乐,否则会影响网页的下载速度。

⑥ 视频。在网页中,视频文件的格式也非常多,常见的有 MPEG、AVI 和 MP4 等。视频文件可以让网页变得非常精彩,而且有动感。

⑦ 表单。表单通常用来接收用户在浏览器中的输入,然后将这些信息发送到用户设置的目标端。

表单的用途通常是收集人员信息,接收用户要求,获得反馈意见,设置访问者签名,让浏览者输入关键字去搜索相关网页,让浏览者注册会员或以会员身份登录。常见的表单类型有用户反馈表单、留言簿表单、搜索表单和用户注册表单等。

⑧ 色彩。一个好的网页设计会让用户记忆深刻。网页的版式、信息层级、图片、色彩等视觉方面的设计直接影响到用户对网站的最初感觉,而在这些内容中,色彩的配色方案是至关重要的。网站整体的定位、风格调性都需要通过颜色给用户带来感官上的刺激,从而产生共鸣。

一个网站不应单一地运用一种颜色,一种颜色让人感觉单调、乏味,但也不能将所有的颜色都运用到一个网站中。一个网站必须有一种或两种主题色,不至于让客户迷失方向,也不至于单调、乏味。所以确定网站的主题色也是设计者必须考虑的问题之一。

一个页面尽量不要超过 4 种色彩,太多的色彩会显得凌乱。当主题色确定好以后,还要考虑其他配色与主题色的关系,并考虑好要体现什么样的效果。另外要提前确定好哪种因素占主要地位,比如明度、纯度或色相。

2. 布局结构

布局就是以最适合用户浏览的方式将图片和文字排放在网页的不同位置。不同的制作者会有不同的布局设计。网页布局有以下几种常见结构。

1)"国"字形

"国"字形也可以称为"同"字形,是一些大型网站所喜欢的类型。该类型网站主页最上面是网站的标题以及横幅广告条;接下来就是网站的主要内容,左、右分列一些小条内容;中间是主要部分,与左右一起罗列到底;最下面是网站的一些基本信息、联系方式、版权声明等。这种结构是网上出现最多的一种结构类型。

2)拐角形

这种结构与"国"字形只是形式上有区别,其实是很相近的。主页最上面是标题及广告横幅;接下来页面的左侧是一含有导航链接等的窄列,右侧是很宽的正文;主页下面也是一些网站的辅助信息。

3) 标题正文型

这种类型主页最上面是标题等,下面是正文。比如,一些文章页面或注册页面就是这种类型。

4) 封面型

这种类型大部分是企业网站和个人主页,大部分网页是一些精美的平面设计界面中结合一些小的动画,放上几个简单的链接或者直接在主页的图片上加链接而没有任何提示。这种类型的网站如果处理得好,会给人带来赏心悦目的感觉。

5) T形结构布局

T形结构布局是指网页上面和左面相结合,网页顶部为横条网站标志和广告条,左下方为主菜单,右侧显示内容。这是网页设计中用得最广泛的一种布局方式。在实际设计中还可以改变T形结构布局的形式,如左右两栏式布局,一半是正文,另一半是形象的图片、导航。或正文不等两栏式布局,而通过背景色区分板块,并分别放置图片和文字等。

这样的布局有其固有的优势,因为人的注意力主要在网页右下角,许多企业会在此处放置邮箱,便于用户联系;另外,这种页面结构清晰,主次分明,易于使用。其缺点是规矩呆板,如果细节上不注意,很容易让人感觉乏味。

6) "口"形布局

这是一种形象的说法。这种类型的网页上下各有一个广告条,左边是主菜单,右边是友情链接等,中间是主要内容。

这种布局的优点是页面充实、内容丰富、信息量大,是综合性网站常用的版式。缺点是页面内容拥挤,不够灵活。这种布局的网页也有将四边空出,只利用中间的窗口形板块设计。使用此类布局的大多为游戏娱乐性网站。例如,网易壁纸站使用多帧形式,只有页面中央部分可以滚动。

7) "三"形布局

这种布局多为国外网站采用,国内用得不多。其特点是页面上横向有两条色块,将页面整体分割为四个部分。色块中大多放广告条。

8) 对称对比布局

顾名思义,这是指采取左右或者上下对称的布局,通常页面的一半为深色,一半为浅色。这种布局一般用于设计类型的网站。其优点是视觉冲击力强,缺点是将两部分有机地结合比较困难。

9) POP布局

POP源自广告术语,指页面布局像一张宣传海报,以一张精美图片作为页面的设计中心,常用于时尚类网站。POP布局的优点是网页较吸引人,缺点是打开页面的速度慢。

3. Web标准

1) Web标准的概念

Web标准即网站标准,它不是某一个标准,而是一系列标准的集合。网页主要由三部分组成:结构(structure)、表现(presentation)和行为(behavior)。对应的标准也分三方面:结构标准主要包括XHTML和XML,表现标准主要包括CSS,行为标准主要包括对象模型(如W3C DOM、ECMAScript等)。这些标准大部分由万维网联盟(W3C)起草和发布,也有一些是其他标准组织制订的,比如ECMA(European computer manufacturers association,

欧洲计算机制造商协会)的 ECMAScript 标准。

2）建立 Web 标准的目的

建立 Web 标准的目的是解决网站中由于浏览器升级、网站代码冗余等带来的问题。Web 标准是在 W3C 的组织下建立的,主要有以下几个目的。

➤ 简化了代码,从而降低了建设成本。
➤ 实现了结构和表现分离,确保了任何网站文档都能够长期有效;
➤ 让网站更容易使用,能适应更多用户和更多网络设备;
➤ 当浏览器版本更新或者出现新的网络交互设备时,确保所有应用能够继续正确执行;
➤ 给网站用户提供更多便利。

3）使用 Web 标准的优势

使用 Web 标准的优势是能够加快网页解析的速度,实现信息跨平台的可用性以及更加良好的用户体验,以高效开发与简单维护降低服务成本,最重要的是便于将来改版。

（1）使用网站标准对网站浏览者的好处具体如下:

➤ 文件下载与页面显示速度更快。
➤ 内容能被更多的用户所访问(包括失明、弱视、色盲等残障人士)。
➤ 内容能被更广泛的设备所访问(包括屏幕阅读机、手持设备、搜索机器人、打印机、电冰箱等)。
➤ 用户能够通过样式来设计自己要表现的界面。
➤ 所有页面都能提供适于打印的版本。

（2）使用网站标准对网站所有者的好处具体如下:

➤ 用更少的代码和组件,容易维护。
➤ 对带宽的要求降低(代码更简洁),成本也会降低。例如,当使用 CSS 对 ESPN.com 网站进行改版后,每天节约超过 2TB 的带宽。
➤ 更容易被搜寻引擎搜索到。
➤ 改版方便,不需要变动页面内容。
➤ 提供打印版本而不需要复制内容。
➤ 提高网站的易用性。

任务 1.4 网站的开发流程

 任务描述

任务 1.4 网站的开发流程.mp4

网站开发是制作一些专业性强的网站,比如制作含 ASP、PHP、JSP 等动态网页的网站。网站开发可以参考别人的模板,所以只需要对部分内容进行原创。网站开发不仅仅涉及网站美工和网页内容,还可能涉及域名注册查询、网站的一些功能开发等。对于较大的组织和企业,网站开发团队可以由几百名 Web 开发者组成。规模较小的企业可能只需要一个专职的或兼职的网站管理员,或提供相关的工作职位,如一个平面设计师或信息系统技术人员等。

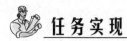 **任务实现**

在启动珠海航展网站这个项目之前,我们在珠海市及周边市区进行了实地调研,结果显示有很多外省在珠海的务工人员根本不知道每隔两年举办一次的珠海航展。因此,本任务主要开发"珠海航展"网站,以便通过这个网站让更多的人了解航展,关心航天,热爱航天,支持航展和参与航展。同时希望通过珠海航展这样的活动,不仅可以使中外航空航天工作者彼此增进了解,而且搭建了一个展示中国航空航天发展成就的平台。

 相关知识与技能

网站设计要能充分吸引访问者的注意力,让访问者产生视觉上的愉悦感。因此在网页创作时,就必须将网站的整体设计与网页设计紧密结合起来综合规划。网站设计是将策划案中的内容、网站的主题模式以及结合自己的认识,通过艺术的手法将网页表现出来;网页制作通常就是将网页设计师设计出来的设计稿按照 W3C 规范用 HTML(标准通用标记语言下的一个应用)将其制作成网页格式。

虽然每个网站的主题、内容、规模和功能等各不相同,但是网站设计都要遵循一个基本的开发流程,大致分为四个阶段。

1. 需求分析阶段

1) 目标定位

目标定位应考虑以下问题:做这个网站的目的是什么?网站的主要职能是什么?网站的用户群是谁?

2) 用户分析

用户分析包括以下方面:网站主要用户的特点是什么?他们需要什么?他们厌恶什么?如何针对他们的特点进行引导?如何做好用户服务?

3) 市场前景

很多网站如同一个企业,需要提前了解清楚市场前景,否则任何惊天动地的目标都是虚无的。设计这类网站应考虑好网站的市场结合点在哪里,这点明确了,才能决定网站定位于什么样的主题及采用什么样的风格。

2. 平台规划阶段

1) 内容策划

当前网站要经营哪些内容?其中包括重点、主要和辅助性内容,这些内容在网站中具有各自的体现形式。内容划分好以后,就进行文字策划(取名),把每个内容包装成栏目。

2) 界面策划

结合网站的主题进行风格策划及相关设计,如色彩设计包括主色、辅色、突出色,版式设计包括全局、导航、核心区、内容区、广告区、版权区及板块设计。

3) 网站功能

网站功能主要分为管理功能和用户功能。管理功能是我们通常说的后台管理,重点是做到管理方便、智能化;而用户功能就是用户可以进行的操作,这涉及交互设计,它是用户和网站对话的接口,也十分重要。

3. 项目开发阶段

1）界面设计

根据界面策划的原则，对网站界面进行设计及完善。

2）程序设计

根据网站功能规划进行数据库设计和代码编写。

3）系统整合

将程序与界面结合，并实施功能性调试。

4. 测试验收阶段

1）测试、调试与完善网站

测试主要包括对网站进行功能性测试、性能测试、安全性测试、稳定性测试和兼容性等方面。另外，还需要将预先设计制作好的程序上传到虚拟主机上，通过访问和调试来确认程序以正常的方式展现内容。最后，对于测试和调试不合规则的内容进行再次完善。

2）发布与推广网站

网站发布后，为了扩大影响力，需要做好推广和宣传工作。有很多推广方式，如论坛推广、自媒体渠道推广、百度招标、B2B推广等，应根据自身情况选择合适的推广方式。

3）维护和更新网站

网站的维护和更新依据网站类型不同，进行的操作也不同。例如，以内容为主的公司网站，内容主要分为关于我们、新闻中心、客户服务、产品展示、生产规模、常见问题、成功案例、公司动态、联系方式等多个板块。以上信息应随着公司的发展情况及时予以更新，固定检查周期为一个星期。网站需要更新的内容可由各部门人员采集相关板块信息并提供给网站管理员。

一个网站的开发全过程如图1-16所示。

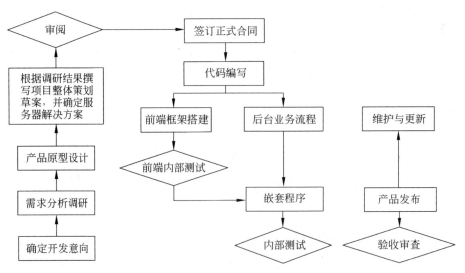

图1-16 Web前端开发基本流程

任务 1.5　Web 前端开发工具

任务描述

网页制作专业工具的功能越来越完善，操作也越来越简单。

制作网页的常用工具介绍如下。

- 制作网页的专门工具：VS Code、HBuilder、Dreamweaver 和 Webstorm 等。
- 动态网页编程语言：ASP、PHP 和 JSP。
- 图像处理工具：Photoshop、JPEGView、Flash、Avocode、Pixlr。
- 网站原型图设计工具：Axure RP、Balsamiq Mockups、Pencil Project 和 OmniGraffle。
- 网站发布工具：FTP、FlashFXP。

任务实现

任务 1.5　Web 前端开发工具.mp4

贯穿本教材的项目实例"珠海航展"网站的文本编辑工具采用 VS Code（全称 Visual Studio Code）。下面介绍 VS Code 工具的使用方法。

VS Code 是微软公司推出的一款免费开源的轻量级跨平台的代码编辑器，可运行于 Mac OS X、Windows 和 Linux 之上。它具有对 JavaScript、TypeScript 和 Node.js 的内置支持，并具有丰富的对其他语言（例如 C++、C#、Java、Python、PHP、Go）和运行时（例如 .NET 和 Unity）扩展的生态系统。

1. 下载 VS Code 软件

官网下载地址为 https://code.visualstudio.com，界面如图 1-17 所示。

图 1-17　VS Code 软件官网

2. 安装插件

VS Code 软件有很多插件可供使用，用户可以根据需要进行安装，如图 1-18 所示。对于初学者来说，安装如表 1-3 所示的插件即可。

图 1-18　安装插件

表 1-3　常用插件说明

插　　件	说　　明
Chinese (Simplified) Language Pack for VS Code	中文(简体)语言包
Open in Browser	在浏览器中打开 HTML 文件
Auto Rename Tag	自动重命名配对的 HTML/XML 标签
JS-CSS-HTML Formatter	每次保存，都会自动格式化 JAVASCRIPT、CSS 和 HTML 代码
CSS Peek	追踪样式

本书中项目所用的 VS Code 软件安装了表 1-3 中的所有插件。由于下载并安装的 VS Code 是英文版的，对于习惯使用中文的用户，安装中文插件即可，方法是在图 1-19 中找到 Chinese (Simplified) Language Pack for VS Code，单击 Install 按钮就可以安装了。安装完毕，重启软件，菜单栏就是中文环境了。

图 1-19　安装中文插件

其他插件的安装方法类似。

3. 文件目录管理

在开始使用 VS Code 软件之前，还需要对文件目录进行处理。如果计算机已经有相关文件夹，则在菜单栏选择"文件"→"打开文件夹"命令，再在打开的界面中选择已有文件夹，单击"选择文件夹"按钮即可，如图 1-20 所示。

如果计算机没有相关文件夹则需要重新创建，如图 1-21 所示。创建好文件夹后，再选择该文件夹进行操作即可。

 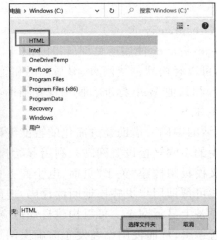

图 1-20　打开已有文件

 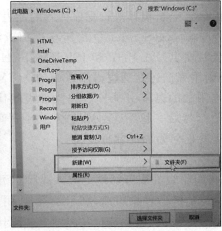

图 1-21　创建文件夹

相关知识与技能

1. 网页编辑工具

下面介绍几款常用的网页编辑工具。

1) HBuilder

HBuilder 是 DCloud（数字天堂）推出的一款支持 HTML5 的 Web 开发集成环境。HBuilder 代码主要是用 Java 语言编写而成的。

HBuilder 的最大优势是编写速度快，通过完整的语法提示和代码输入法、代码块等，可以大幅提升 HTML、JavaScript、CSS 的开发效率。

2) VS Code

这是一款用于开发编写 Web 程序和云应用的跨平台源代码编辑器。

该编辑器具备的特点包括语法高亮（syntax high lighting）、可订制的热键绑定（customizable keyboard bindings）、括号匹配（bracket matching）以及代码片段收集

（snippets）等。

3）Adobe Dreamweaver

Adobe Dreamweaver 使用所见即所得的接口，也有 HTML 编辑功能，借助经过简化的智能编码引擎，可以轻松地创建网页、编写代码和管理动态网站。代码提示可让用户快速了解 HTML、CSS 和其他 Web 标准。使用视觉辅助功能可以减少错误并提高网站开发速度。

其主要特色如下。

- 快速、灵活的编码。借助经过简化的智能编码引擎，轻松地创建和管理网站。
- 通过更少的步骤轻松设置网站。利用起始模板可以快速地启动并运行网站，可以通过自定义模板来构建"关于"页面、电子商务页面、新闻稿和作品集。代码着色和视觉提示功能可帮助用户更轻松地阅读代码，进而快速地对内容进行编辑和更新。
- 在各种设备上显示网页。可以构建自动适应各种屏幕尺寸的网页。可以实时预览网页并进行编辑，从而使网站在发布前确保网页的外观和显示方式均符合需求。

2. 动态网页编程语言

目前，最常用的两种动态网页语言有 JSP、PHP，二者都提供在 HTML 代码中混合某种程序代码并由语言引擎解释执行程序代码的能力。

JSP 代码会被编译成 Servlet 并由 Java 虚拟机解释执行，这种编译操作仅在对 JSP 页面的第一次请求时发生。在 PHP 和 JSP 环境下，HTML 代码主要负责描述信息的显示样式，而程序代码则用来描述处理逻辑。普通的 HTML 页面只依赖于 Web 服务器，而 PHP 和 JSP 页面需要附加的语言引擎分析和执行程序代码。程序代码的执行结果被重新嵌入到 HTML 代码中，然后一起发送给浏览器。PHP 和 JSP 都是面向 Web 服务器的技术，客户端浏览器不需要任何附加的软件支持。

1）PHP

PHP 是一种跨平台的服务器端的嵌入式脚本语言，是一种通用开源脚本语言。其语法吸收了 C 语言、Java 和 Perl 的特点，利于学习，使用广泛，主要适用于 Web 开发领域。PHP 可以比 CGI 或者 Perl 更快速地执行动态网页。PHP 是将程序嵌入 HTML（标准通用标记语言下的一个应用）文档中去执行，执行效率比完全生成 HTML 标记的 CGI 要高许多；PHP 还可以运行编译后的代码，编译可以达到加密和加快代码运行的目的。

PHP 支持几乎所有流行的数据库以及操作系统。另外，PHP 可以用 C、C++进行程序的扩展。

2）JSP

JSP 即为 Java 服务器页面，其本质是一个简化的 Servlet 设计，它是由 Sun 公司倡导、许多公司参与并一起建立的一种动态网页技术标准。JSP 技术有点类似 ASP 技术，它是在传统的网页 HTML 文件中插入 Java 程序段和 JSP 标记，从而形成 JSP 文件，文件后缀名为.jsp。用 JSP 开发的 Web 应用是跨平台的，既能在 Linux 上运行，也能在其他操作系统上运行。

3. 图形图像处理软件

图形图像处理软件被广泛应用于广告制作、平面设计、影视后期制作等领域。常用的图形图像处理软件有 Photoshop、JPEGView、ACDSee、光影魔术手和 Pixlr 等。

1）Adobe Photoshop

Adobe Photoshop 简称 PS，是由 Adobe 公司开发的图像处理软件。Photoshop 主要处理像素化的数字图像。PS 有众多的编辑与绘图工具，利用这些工具可以有效地进行图片编辑工作。PS 功能强大,在图形图像、文字、视频等的制作方面都较多的应用。

目前,Adobe Photoshop 2021 为最新版本。

Adobe 支持 Windows、Android 与 Mac OS 等操作系统,Linux 操作系统用户可以通过使用 Wine 来运行 Photoshop。

2) JPEGView

JPEGView 是一款小巧且快速的图片查看、编辑软件,支持的图片格式包括 JPEG、BMP、PNG、WEBP、GIF 和 TIFF。JPEGView 提供即时的图片处理功能,允许调整典型的图片参数,如锐度、色彩平衡、对比度和感光度等。

3) ACDSee

ACDSee 是 ACD 公司开发的一款图片管理及编辑工具软件,提供良好的操作界面和人性化的简单操作方式,采用优质的快速图形解码方式,支持丰富的 RAW 格式,具备强大的图形文件管理功能等。

ACDSee 最新版为 ACDSee 2021,可分为 ACDSee 2021 旗舰版、ACDSee 2021 专业版、ACDSee 2021 家庭版三款,适用于用户不同的需求,同时语言版本分为简体中文版、繁体中文版和英文版。

4) 光影魔术手

光影魔术手是一款针对图像画质进行改善、提升及效果处理的软件。该工具简单、易用,不需要任何专业的图像技术就可以制作出专业胶片摄影的色彩效果,其具有许多独特之处,如反转片效果、黑白效果、数码补光、冲版排版等。另外,其批量处理功能非常强大,是摄影作品后期处理、图片快速美化、数码照片冲印整理等方面必备的图像处理软件,能够满足绝大部分照片后期处理的需要。

5) Pixlr

Pixlr 是一款功能强大的免费在线处理图片工具,内置 600 多种特效及滤镜,比如图像编辑时常用的特效滤镜套用、曝光对比调整、相框与特殊光线外挂等。这是一款功能类似 Photoshop 的 Web 软件,适合进行图片处理。

4. Web 应用原型图设计工具

常用的 Web 应用原型图设计工具有 Adobe XD、Axure RP、Balsamiq Mockups 和 Pencil Project。

1) Adobe XD

Adobe XD 是一个协作式易用平台,可用于网站、移动应用程序、语音界面、游戏界面等方面的设计。Adobe XD 是一站式 UX/UI 设计平台,可以进行移动应用和网页设计与原型制作。它可用来设计工业级性能的跨平台产品,还可以高效、准确地完成静态编译或者从框架图到交互原型的转变。

2) Axure RP

Axure RP 是美国 Axure Software Solution 公司的精心杰作,可以说 Axure 是 Windows 上最出色的原型设计软件,也是 Web 产品前期设计的首选,能帮助网站需求设计者快捷而简便地创建基于目录组织的原型文档、功能说明、交互界面以及带注释的 wireframe 网页,并可自动生成用于演示的网页文件和 Word 文档。Axure RP 具备强大的六合一功能,即网站构架图、示意图、流程图、交互设计、自动输出网站原型、自动输出 Word 格式的文件。

3) Balsamiq Mockups

Balsamiq Mokups 是用 Flex 和 Air 实现的，在 Mac OS、Linux 和 Windows 下都能使用，有多种类型的版本；采用涂鸦风格设计原型图，使用起来也很简单，另外模块工具也很齐全。Balsamiq Mockups 是一款共享软件，目前售价 79 美元，对个人用户来说价格不菲。它推出之后如此受欢迎的原因是：在软件产品原型图设计领域，特别是 Web 原型图设计领域，还没有哪款产品有如此丰富的表现形式。使用 Balsamiq Mockups 画出的原型图都是手绘风格的图像，看上去非常美观、清爽(当然，跟使用者的设计水平也有关系)。它支持几乎所有的 HTML 控件原型图，比如按钮(基本按钮、单选按钮等)、文本框、下拉菜单、树形菜单、进度条、多选项卡、日历控件、颜色控件、表格、Windows 窗体等。目前国内许多知名的互联网公司都推荐使用它进行原型设计，如腾讯、网易、搜狐等。

4) Pencil Project

Pencil Project 是一个原型界面设计的插件，通过内置的模板，可以创建可链接的文档，并输出成为 HTML、PNG、OpenOffice、Word、PDF 等文件格式。

Pencil Project 可用于制作图表和 GUI 原型，可以免费使用，并可轻松地在常见的桌面平台中创建模型。

5. 网站上传工具

1) CuteFTP

CuteFTP 是一款小巧但功能强大的 FTP 工具，有友好的用户界面和稳定的传输速度。它与 LeapFTP 和 FlashFXP 可称为 FTP 三剑客。三者有各自的优势，其中，FlashFXP 传输速度比较快，但有时对于一些教育网 FTP 站点却无法连接；LeapFTP 传输速度稳定，能够连接绝大多数 FTP 站点(包括一些教育网 FTP 站点)；CuteFTP 虽然相对来说比较庞大，但其自带了许多免费的 FTP 站点，资源丰富。

CuteFTP 最新的 Pro 版有很多有用的新特色，如目录比较，目录上传和下载，远端文件编辑，以及 IE 风格的工具条，可让用户按顺序一次性下载或上传同一站台中不同目录下的文件。

2) FlashFXP

FlashFXP 是一款功能强大的 FXP/FTP 软件，融合了其他优秀 FTP 软件的优点。比如，该软件可以像 CuteFTP 一样比较文件夹，支持彩色文字显示；可以像 BpFTP 一样支持从多文件夹中选择文件，能够缓存文件夹；具有 LeapFTP 一样的外观界面，甚至设计思路也相仿；支持文件夹(带子文件夹)的文件传送、删除；支持上传、下载及第三方文件续传；可以跳过指定的文件类型，只传送需要的文件；可以自定义不同文件类型的显示颜色；可以缓存远端文件夹列表，支持 FTP 代理；具有避免空闲功能，防止被站点踢出；FlashFXP 还可以显示或隐藏具有"隐藏"属性的文件、文件夹；还可以支持每个站点使用被动模式等。

学习任务工单

课前学习	课中学习	课后拓展学习
(1) 完成微课视频和课件的学习。 (2) 发帖讨论：当前 Web 开发的岗位职责需求有哪些？ (3) 完成单元测试	安装 VS Code 或 HBuilder 软件，并开始使用	(1) 查阅资料，学习服务器、浏览器、IP 地址等相关互联网知识。 (2) 将学习中遇到的问题发布在超星平台

小结

目前互联网已经成为人们生活中不可或缺的部分,它为人们提供了大量服务,其中最重要的就是 WWW 服务。

本项目主要介绍了网页设计的基础知识,包括网页和网站、Web 标准、布局结构和网页设计工具及开发网站的基本流程等。

通过本项目的学习,读者能简单认识网页,了解网页相关名词和 Web 标准,并能熟练应用网站开发工具。

思政一刻:新冠肺炎疫情数据可视化效果

Web 开发技术在我国的蓬勃发展,给人民群众的学习、生产、生活等方面带来了巨大改变。例如,新冠肺炎疫情期间使用 Web 技术实现了新冠肺炎疫情数据可视化效果。所有的一切成就都是在中国共产党的英明领导下,许多 Web 开发工程师经过刻苦钻研、不断创新、不怕困难、奋力拼搏而取得的,这种百折不挠的创新精神和顽强斗志,深刻体现了精益求精的大国工匠精神。

课后练习

一、单选题

1. 目前常用的 Web 标准静态页面语言是(   )。
   A. XML   B. HTML   C. JSP   D. JavaScript
2. 用于 Web 前端开发的语言有(   )。
   A. HTML+CSS+JavaScript   B. XML+CSS+JavaScript
   C. JSP+CSS+JavaScript   D. ASP+CSS+JavaScript
3. 下列不属于手机 App 的是(   )。
   A. 原生 App   B. WebApp   C. 混合 App   D. API
4. 下列关于 HTTP 状态码说法正确的是(   )。
   A. 100:请求成功
   B. 400:内部服务器错误
   C. 301:资源(网页等)被永久转移到其他 URL
   D. 504:请求的资源(网页等)不存在
5. W3C 标准是(   )。
   A. 结构+表现   B. 结构+行为
   C. 结构+表现+行为   D. 构造+表现+行为

二、操作题

1. 参照任务 1.3,打开动态网站或静态网站,熟悉网站和网页,以及网页中的基本元素。
2. 参照任务 1.4,对开发"酷致网络科技有限公司"网站进行需求分析,并初步规划出该网站的架构为树状结构,导航菜单如图1-22所示。

图 1-22 酷致网络科技有限公司导航菜单

3. 参照任务 1.5,熟悉 Visual Studio Code 软件。

项目 2　HTML5 应用

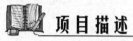 项目描述

　　HTML 是一种超文本标记语言,它主要通过 HTML 标签对网页中的文本、图像、声音、视频等内容进行描述,是构成网页文档的基础。本项目将介绍 HTML 的基本结构和语法,使用 HTML 中常用的标题和段落标记、列表标记、超链接标记、图像标记、表单标记等制作珠海航空展网站的页面内容。

知识目标

➢ 掌握 HTML 基本结构及语法
➢ 掌握 HTML 常见标签的用法
➢ 掌握 HTML5 新增元素和属性

职业能力目标

➢ 能够书写规范的 HTML 结构
➢ 能够合理使用 HTML 定义网页元素
➢ 能够使用 HTML5 新增页面元素创建简单页面

 教学导航

教学重点	(1) HTML 基本语法; (2) HTML 常用元素; (3) HTML5 新增元素
教学难点	(1) HTML 常用元素; (2) HTML5 新增语义元素
推荐教学方式	讲授、项目教学、案例教学、问题导向或讨论
推荐学时	10 学时
推荐学习方法	多动手操作,认识 HTML 元素和 HTML5 新增元素

任务2.1 创建第一个HTML5页面——珠海航展首页

任务2.1 创建第一个HTML5页面—知识讲解.mp4

任务2.1 创建第一个HTML5页面—操作.mp4

按照HTML5文档基本结构,创建珠海航空展首页。首页显示一行文字,如图2-1所示。

图2-1 珠海航空展首页

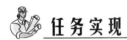

1. 创建HTML页面

在VS Code的主窗口菜单栏中,选择"文件"→"新建"命令新建文件,再按Ctrl+S组合键将文件命名为index.html后,保存到站点文件夹下面。进入VS Code代码窗口,输入"!",再将其选中并按Enter键,结果如图2-2所示。HTML基本框架代码全部自动写好后的显示如图2-3所示。

图2-2 在VS Code代码窗口中输入内容

2. 完善代码

修改标题为"珠海航空展",添加主体内容"2021年9月28日至10月3日在广东珠海举办了第十三届中国航空展",如图2-4所示。

3. 测试效果

(1) 按Ctrl+S组合键保存文件。

(2) 按Alt+B组合键在浏览器中运行页面,效果如图2-5所示。

提示:在浏览器中运行页面需要在VS Code里面安装Open in Browser扩展,安装好后在Windows里面可以按Alt+B组合键打开页面。而在Mac里面按Option+B组合键打开页面。

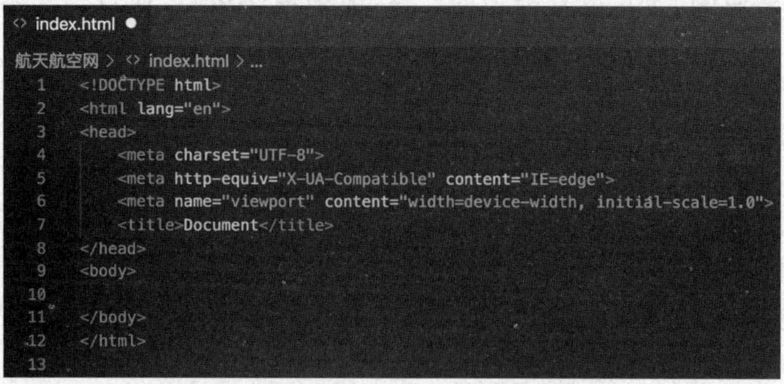

图 2-3 自动生成的代码

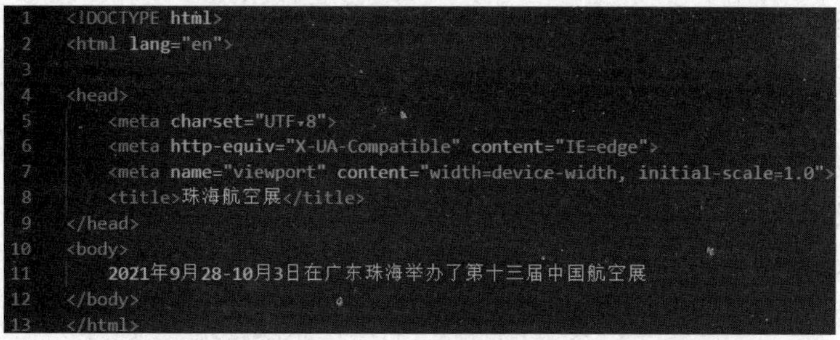

图 2-4 完善代码

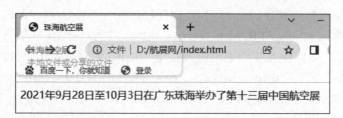

图 2-5 运行效果

 相关知识与技能

1. HTML 语言概述

HTML 是一种超级文本标记语言，它是一种规范和一种标准，通过标签符号来标记要显示在网页中的各个元素。HTML 提供了许多标签，如段落标签、标题标签、超链接标签、图片标签等，网页中需要定义什么内容，就用相应的 HTML 标签描述即可。

可以用任何一种文本编译器来编辑 HTML 文件，因为它就是一种文本文件，其扩展名是 .html 或 .htm，可以直接在浏览器中打开文件运行。

1）HTML 语言的特点

HTML 语言不是很复杂，但功能强大，属于前端开发的基础语言，其主要特点如下。

➢ 简易性：HTML 语言不是程序语言，没有逻辑结构，它是一种标记语言，任何一个文本编辑器都可以编辑。

➢ 速度快：使用 HTML 语言描述的文件，无须编译运行，通过浏览器就可以显示出效果。
➢ 通用性：HTML 语言的编写和应用与平台无关，适用于所有浏览器，只要有浏览器就可以运行 HTML 文件。

2）HTML 发展

➢ 超文本标记语言(第 1 版)：在 1993 年 6 月作为互联网工程工作小组（IETF）工作草案发布(并非标准)。
➢ HTML 2.0：1995 年 11 月作为 RFC 1866 发布，在 RFC 2854 于 2000 年 6 月发布之后被宣布已经过时。
➢ HTML 3.2：1997 年 1 月 14 日，W3C 推荐标准。
➢ HTML 4.0：1997 年 12 月 18 日，W3C 推荐标准。
➢ HTML 4.01：1999 年 12 月 24 日，W3C 推荐标准。
➢ HTML 5：2014 年 10 月 28 日，W3C 推荐标准。

3）HTML 文档的编写方法

➢ 手工直接编写：可用记事本等，保存为.htm 或者.html 格式文件。
➢ 使用集成编辑器：如用 Dreamweaver、HBuilder、VS Code 等。
➢ 动态生成：由 Web 服务器(或称 HTTP 服务器)实时动态生成。

4）HTML5 与 HTML4.01 的区别

（1）文档类型声明。区别如下。

① HTML4.01 采用三种模式进行文档类型声明。

➢ strict 模式：<! DOCTYPE HTML PUBLIC "－//W3C//DTD HTML 4.01//EN" "http://www.w3.org/TR/html4/strict.dtd">。
➢ 过渡模式：<! DOCTYPE HTML PUBLIC "－//W3C//DTD HTML 4.01 Transitional//EN" "http://www.w3.org/TR/html4/loose.dtd">。
➢ 框架集模式：<! DOCTYPE HTML PUBLIC "－//W3C//DTD HTML 4.01 Frameset//EN" "http://www.w3.org/TR/html4/frameset.dtd">。

② HTML5 只采用一种模式进行文档类型声明：<! DOCTYPE html>。

有文档类型声明的 HTML5 便于书写，内容精简，有利于程序员快速地阅读和开发。

（2）结构语义。区别如下。

① HTML4.01 没有体现结构语义化的标签，通常使用 div 来指明结构。如<div id="nav"></div>。

② HTML5 添加了许多具有语义化的结构标签来指明页面的不同部分。如<nav>、<section>、<article>、<footer>、<header>。

（3）绘图功能。HTML5 新增 canvas 元素，可配合脚本(通常使用 JavaScript)在网页上绘制图像，可以控制画布的每一个像素。另外，HTML5 支持内联 SVG(可缩放的矢量图形)，用于定义网络的基于矢量的图形。

（4）媒体元素。HTML5 新增了 video 元素(播放视频)和 audio 元素(播放音频)。

（5）表单控件。HTML5 添加了新的表单控件，如 date、time、email、url 等。

2. HTML 文档的基本结构

1）HTML 标签

HTML 文档是通过标记标签来描述的，标签是由尖括号包围的关键词，比如<html>。标签通常是成对出现的，比如<html>和</html>。标签对中第一个是开始标签，第二个是结束标签。标签一般也叫作元素，开始标签和结束标签里面的内容叫作元素内容。

没有内容的 HTML 标签称为空标签，也叫单标签，比如
、<hr/>。

HTML 标签对大小写不敏感，<HTML>等同于<html>，建议用小写。

HTML 标签可以嵌套，比如：<p><a href="#">链接</a></p>。

提示：单标签里面的反斜杠"/"可加可不加，比如
和
这两种写法在浏览器里都是有效的，但是从标准化考虑，建议加上。

2）HTML 属性

HTML 标签可以拥有属性，属性提供了有关 HTML 标签更多的信息。

属性总是以"名称/值"对的形式出现，比如：name="value"。

属性在开始标签中规定，比如<a href="http://www.w3school.com.cn">链接</a>中，HTML 的链接由<a>标签定义，链接的地址在 href 属性中指定。

3）HTML 文档的基本结构

一个完整 HTML 文档的基本结构如图 2-6 所示。

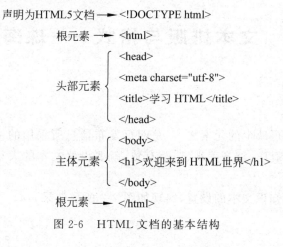

图 2-6　HTML 文档的基本结构

各部分的作用说明如下。

（1）文档声明。文档声明放在页面的第一行，用于告诉浏览器以哪个标准来解析文档。比如，<!DOCTYPE html>表示声明为 HTML5 文档，浏览器就会以 HTML5 的标准来解析。

（2）根元素。<html>...</html>是文档的根元素。每一个 HTML 文件，都必须以<html>开头，以</html>结尾，其他所有的标签都写在<html>...</html>里面。

（3）头部元素。<head>...</head>是文档的头部元素，用来定义文档的头部信息，此部分的内容不会展示在页面中。在<head>元素中可以插入脚本（Script）、样式文件（CSS），及各种 meta 信息。可以添加在头部区域的元素标签有<title>、<meta>、<link>、

<style>、<script>等。
- <title>标签：定义文档的标题。此标题可用在三个地方，即在浏览器中打开页面时显示的标题，页面被添加到收藏夹中时显示的标题，显示在搜索引擎结果页的标题。
- <meta>标签：描述文档的元数据。元数据也不会显示在页面上，但会被浏览器解析。<meta>通常用于指定页面的字符集、作者、描述内容、关键词等，说明如下。
  - 定义网页字符集：<meta charset="utf-8">。
  - 定义网页作者：<meta name="author" content="李四">。
  - 定义网页描述内容：<meta name="description" content="航空展览">。
  - 定义网页关键词：<meta name="keywords" content="珠海、航空展">。
  - 每30秒刷新页面：<meta http-equiv="refresh" content="30">。
- <link>标签：常用于引入外部样式表，如<link href="style/style.css" rel="stylesheet" type="text/css">。
- <style>标签：用于定义内部样式表，如<style>p{color: red}</style>。
- <script>标签：常用于引入外部JavaScript文件，如<scirpt src="index.js"></scirpt>。

（4）主体元素。<body>...</body>中的所有内容都是文档的主体，这些内容会被显示在浏览器主窗体区中。

提示：HTML中的注释为<!-- 注释内容 -->。

任务2.2 文本排版与格式——珠海航展知识

📖 任务描述

文本是网页中不可缺少的元素之一，是网页发布信息所采用的主要形式。为了让网页中的文本看上去编排有序、整齐美观、错落有致，就要设置文本的大小、颜色、字体类型以及进行换行换段等。

通过对珠海航展知识文本的设置，实现如图2-7所示效果。

任务2.2 文本排版与格式.mp4

🔧 任务实现

1. 创建HTML页面

在VS Code的主窗口中选择"文件"→"新建"命令，新建一个名为knowledge.html的文件，并保存在站点文件夹下面。进入VS Code代码窗口，输入"！"，将其选中并按Enter键，创建HTML的基本结构。

2. 编写文字版式

设置标题格式：把每一个航展知识的标题设置为二级标题，即加上<h2>。
设置段落格式：把每一个航展知识的内容及下面的阅读评论各分成一段。

3. 设置文本格式

参见图2-7的最终效果。

项目 2　HTML5 应用

图 2-7　最终文本网页效果

相关知识与技能

1. 编写文字版式

1）设置标题格式

语法为：＜h*n*＞标题文字＜/h*n*＞。＜h*n*＞标记用于标示网页中的标题文字，被标示的文字将以粗体的方式显示在网页中。在 HTML 中，共有 6 个层次的标题，因此，*n* 的值为 1~6。最终效果如图 2-8 所示。

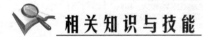

图 2-8　标题格式及浏览器中效果

注意：标题标签仅用于标题文本，不要为了产生粗体文本而使用它们。若想产生粗体或者改变对齐方式,请使用 CSS。

2) 设置段落

语法为:<p>文本</p>。<p>为段落标记,浏览器遇到此标记会将文字分段,如图 2-9 所示。

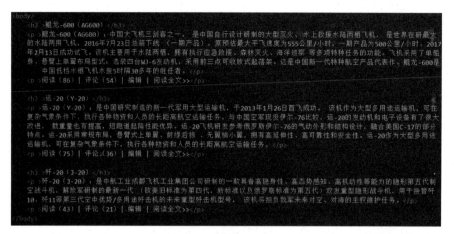

图 2-9 设置段落

排版后的预览效果如图 2-10 所示。

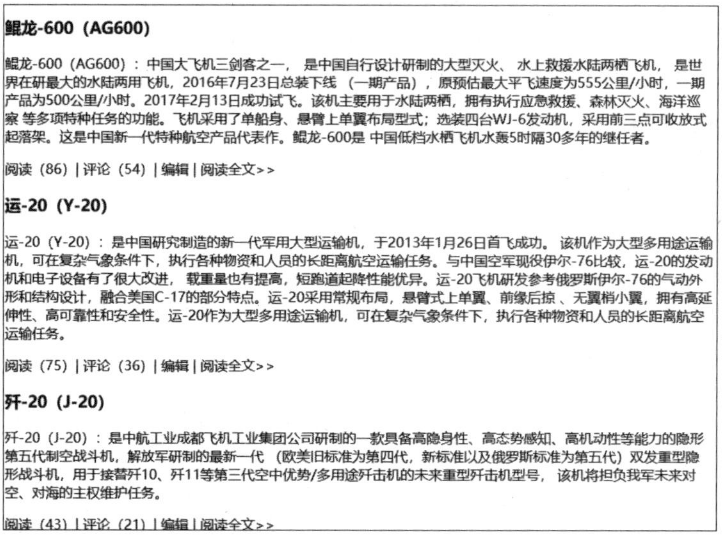

图 2-10 排版后预览效果

2. 设置文本格式

可以使用样式设置文本的字体、大小和颜色等属性,语法为<p style="font-family:宋体;color:red;font-size:12px">文字</p>,其中,style 属性用于改变 HTML 元素的样式,如元素的背景颜色、对齐方式、文本格式等。每个样式以"key:value"键值对的方式设置,多个样式之间用冒号隔开。此例中,font-family、color 以及 font-size 属性分别定义元素中文本的字体系列、颜色和字体尺寸。

对珠海航展知识页面进行文本格式设置,如图 2-11 所示。格式设置后的效果如图 2-7 所示。

```html
<body>
  <h2 style="font-family: 宋体;font-size: 16px;color: ■#33b0e8;">鲲龙-600 (AG600) </h2>
  <p style="font-family:  宋体;font-size:  14px;">鲲龙-600 (AG600) : 中国大飞机三剑客之一， 是中国自
 (一期产品)，原预估最大平飞速度555公里/小时，一期产品为500公里/小时。2017年2月13日成功试飞。该机主要用于水
等多项特种任务的功能。飞机采用了单船身、悬臂上单翼布局型式；选装四台WJ-6发动机，采用前三点可收放式起落架。这
中国低档水栖飞机水轰5时隔30多年的继任者。</p>
  <p style="font-family: 宋体;font-size: 12px;color: ■#33b0e8;font-weight: bold;">阅读 (86)

  <h2 style="font-family: 宋体;font-size: 16px;color: ■#33b0e8;">运-20 (Y-20) </h2>
  <p style="font-family: 宋体;font-size: 14px;">运-20 (Y-20) : 是中国研究制造的新一代军用大型运输机
该机作为大型多用途运输机，可在复杂气象条件下，执行各种物资和人员的长距离航空运输任务。与中国空军现役伊尔-76比
载重量也有提高，短跑道起降性能优异。运-20飞机研发参考俄罗斯伊尔-76的气动外形和结构设计，融合美国C-17的部分特
、无翼梢小翼，拥有高延伸性、高可靠性和安全性。运-20作为大型多用途运输机，可在复杂气象条件下，执行各种物资和人
  <p style="font-family: 宋体;font-size: 12px;color: ■#33b0e8;font-weight: bold;">阅读 (75)

  <h2 style="font-family: 宋体;font-size: 16px;color: ■#33b0e8;">歼-20 (J-20) </h2>
  <p style="font-family: 宋体;font-size: 14px;">歼-20 (J-20) : 是中航工业成都飞机工业集团公司研制的
  (欧美旧标准为第四代，新标准以及俄罗斯标准为第五代) 双发重型隐形战斗机，用于接替歼10、歼11等第三代空中优势
  该机将担负我军未来对空、对海的主权维护任务。</p>
  <p style="font-family: 宋体;font-size: 12px;color: ■#33b0e8;font-weight: bold;">阅读 (43)
</body>
```

图 2-11　设置文本格式

任务 2.3　项目列表——航展新闻列表

任务描述

新闻列表页面 newList.html 为了显示更多新闻列表，则新闻列表间是并列显示的，效果如图 2-12 所示。

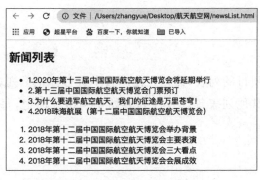

图 2-12　新闻列表页面效果

任务 2.3　项目列表.mp4

任务实现

1. 创建 HTML 页面

新建一个名为 newsList.html 的文件并保存在站点文件夹下面，再创建 HTML 的基本结构。

2. 新闻列表设置

新闻列表设置如图 2-13 所示。

图 2-13 新闻列表设置

相关知识与技能

1. 无序列表

无序列表是一个项目的列表,此列项目使用粗体圆点(典型的小黑圆圈)进行标记。列表项内部可以使用段落、换行符、图片、链接以及其他列表等。无序列表始于<ul>标记,每个列表项始于<li>标记,其语法格式为

```
<ul>
    <li>...</li>
    <li>...</li>
    ...
</ul>
```

2. 有序列表

有序列表也是一个项目的列表,此列表使用数字进行标记。列表项内部可以使用段落、换行符、图片、链接以及其他列表等。有序列表始于<ol>标记,每个列表项始于<li>标记,其语法格式为

```
<ol>
    <li>...</li>
    <li>...</li>
    ...
</ol>
```

任务 2.4 超级链接——航展新闻列表

单击新闻列表页面中每个新闻标题,即可进入详细新闻页面,浏览新闻的详细内容。

任务实现

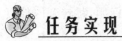

打开新闻列表页面 newList.html，将航展新闻“1. 2020 年第十三届中国国际航空航天博览会将延期举行”标题设置为外部链接，“2. 第十三届中国国际航空航天博览会门票预订”新闻标题设置为内部链接，如图 2-14 所示，浏览效果如图 2-15 所示。

```
<body>
  <h2>新闻列表</h2>
  <ul>
    <li><a href="https://baike.baidu.com/item/第十三届中国国际航空航天博览会/24710455?fr=aladdin"
     target="_blank">1.2020年第十三届中国国际航空航天博览会将延期举行</a></li>
    <li><a href="admissionTicket.html" target="_blank">2.第十三届中国国际航空航天博览会门票预订</a></li>
    <li>3.为什么要进军航空航天，我们的征途是万里苍穹！</li>
    <li>4.2018珠海航展（第十二届中国国际航空航天博览会）</li>
  </ul>
  <ol>
    <li>2018年第十二届中国国际航空航天博览会举办背景</li>
    <li>2018年第十二届中国国际航空航天博览会主要表演</li>
    <li>2018年第十二届中国国际航空航天博览会三大看点</li>
    <li>2018年第十二届中国国际航空航天博览会会展成效</li>
  </ol>
</body>
```

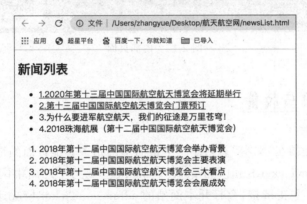

图 2-14　链接设置

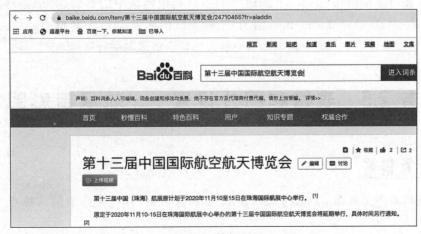

图 2-15　链接设置后的浏览效果

单击图 2-15 中的“1. 2020 年第十三届中国国际航空航天博览会将延期举行”标题，可跳转到外部页面，如图 2-16 所示。

图 2-16　外部页面

单击图 2-15 中的"2. 第十三届中国国际航空航天博览会门票预订"标题,跳转到内部页面,如图 2-17 所示。

图 2-17　内部页面

相关知识与技能

1. 站内页面链接

站内页面链接是指在"文本"上创建一个指向本网站中其他页面的链接,其语法格式为:＜a href＝"admissionTicket.html" target＝"_blank"＞2.第十三届中国国际航空航天博览会门票预订＜/a＞。单击链接,会打开本网站的 admissionTicket.html 页面。

提示:如果不设置 target 属性,默认在当前页面打开链接。将 target 属性设为"_blank"则会在新页面上打开链接。

2. 站外页面链接

站外页面链接是指在"文本"上创建一个指向其他网站中的页面,其语法格式为:＜a href＝"https://baike.baidu.com/item/第十三届中国国际航空航天博览会/24710455?fr=aladdin"＞1. 2020 年第十三届中国国际航空航天博览会将延期举行＜/a＞。

任务 2.5　表格和图片设置——航展精彩图集

任务描述

在航展精彩图集页面 pictureTable.html 中插入表格,并在表格中插入热点飞机图片,如图 2-18 所示。

项目 2　HTML5 应用

图 2-18　表格图片设置效果

任务实现

1. 创建 HTML 页面

新建名为 pictureTable.html 的文件并保存在站点文件夹下面,再创建 HTML 的基本结构。

2. 创建表格

在<body>...</body>部分创建一个 4 行 3 列的表格,具体代码如图 2-19 所示。

3. 插入图片

在各单元格也就是<td>标签里面插入图片,具体代码如图 2-20 所示。

4. 设置样式

设置图片的宽度和高度,将单元格的内容居中显示,在<head>标签里面添加<style>标签,具体代码如下:

```
<style>
    img{
        width: 180px;
        height: 130px;
    }
    td{
        text-align: center;
    }
</style>
```

最终效果如图 2-18 所示。

```html
<body>
  <h3>参展飞机清单：</h3>
  <table>
    <tr>
      <td></td>
      <td></td>
      <td></td>
    </tr>
    <tr>
      <td></td>
      <td></td>
      <td></td>
    </tr>
    <tr>
      <td></td>
      <td></td>
      <td></td>
    </tr>
    <tr>
      <td></td>
      <td></td>
      <td></td>
    </tr>
  </table>
</body>
```

图 2-19　表格设置

```html
<body>
  <h3>参展飞机清单：</h3>
  <table>
    <tr>
      <td><img src="assets/img/AG-600.jpg" alt="AG-600"><br>鲲龙-600</td>
      <td><img src="assets/img/Y-9.jpg" alt="Y-9"><br>运-9</td>
      <td><img src="assets/img/Y-12E.jpg" alt="Y-12E"><br>运-12E</td>
    </tr>
    <tr>
      <td><img src="assets/img/Y-12F.jpg" alt="Y-12F"><br>运-12F</td>
      <td><img src="assets/img/Y-20.jpg" alt="Y-20"><br>运-20</td>
      <td><img src="assets/img/攻击-2.jpg" alt="攻击-2"><br>攻击-2</td>
    </tr>
    <tr>
      <td><img src="assets/img/轰-6K.jpg" alt="轰-6K"><br>轰-6K</td>
      <td><img src="assets/img/歼-10B.jpg" alt="歼-10B"><br>歼-10B</td>
      <td><img src="assets/img/歼轰-7a.jpg" alt="歼轰-7a"><br>歼轰-7a</td>
    </tr>
    <tr>
      <td><img src="assets/img/直-10K.jpg" alt="直-10K"><br>直-10K</td>
      <td><img src="assets/img/直-19.jpg" alt="直-19"><br>直-19</td>
      <td><img src="assets/img/空警-500.jpg" alt="空警-500"><br>空警-500</td>
    </tr>
  </table>
</body>
```

图 2-20　图片设置

相关知识与技能

1. 表格设置

任务 2.5　表格设置.mp4

用 HTML 语言制作表格用到的标签如下。

<table>…</table>：定义表格。

<caption>…</caption>：定义标题。

<tr>…</tr>：定义表行。

<th>…</th>：定义表头。

<td>…</td>：定义表元(表格的具体数据)。

表格标签常用属性如表 2-1 所示。

表 2-1　表格标签常用属性

属　性	描　述
width	表格的宽度
height	表格的高度
align	表格对齐方式
background	表格的背景图片
bgcolor	表格的背景颜色
border	表格边框的宽度(以像素为单位)
cellspacing	单元格之间的间距
cellpadding	单元格内容与单元格边界之间空白距离的大小

2. 图片设置

语法：

<img src="图像文件的路径与名称">

以上语法中，<img>标签是用于导入图片的标记，使用此标签可以将图像文件导入HTML文件中显示。src属性为<img>标签的必要属性，该属性指定要导入的图像文件的路径与名称。图像文件的路径可以用绝对路径或相对路径表示，具体介绍如下。

（1）绝对路径。绝对路径就是文件在硬盘上的真正路径，如"D:\航展项目\img\1.jpg"；或完整的网络地址，如 https://www.baidu.com/img/PCtm_d9c8750bed0b3c7d089fa7d55720d6cf.png。

任务2.5 图片设置.mp4

（2）相对路径。相对路径就是相对于当前文件的路径。相对路径没有盘符，通常以当前文件为起点，通过层级关系描述目标图像的位置。相对路径的设置一般分为以下三种情况。

① 图像文件和HTML文件位于同一文件夹：只需输入图像文件的名称即可，如<img src="logo.png">。

② 图像文件位于HTML文件的下一级文件夹：输入文件夹名和文件名，中间用"/"隔开，如<img src="img/logo.png">。

③ 图像文件位于HTML文件的上一级文件夹：在文件名之前加入"../"；如果是上两级，则需要使用"../../"；其他以此类推。如<img src="../logo.png">。

任务2.6 表单注册——航展注册页面

 任务描述

航展网站有些内容不对外公开，只有注册成为会员才有访问权限，因此需要制作一个注册页面来受理用户的注册，如图2-21所示。

任务实现

（1）新建一个HTML页面，命名为register.html。

（2）编写代码，具体如图2-22所示。

最终效果如图2-21所示。

任务2.6 表单注册.mp4

相关知识与技能

1. 表单标记概述

表单就是在网页上用于输入信息的区域，它的主要功能是收集数据信息，并将这些信息传递给后台信息处理模块。表单主要由3部分构成，分别为表单控件、提示信息和表单域，如图2-23所示。

- 表单控件：表单功能项（输入框、按钮）。
- 提示信息：表单控件前后的说明文字。
- 表单域：容纳所有的表单控件和提示信息。

图 2-21 珠海航展注册页面

```html
<body>
<!-- 最外层容器 -->
<div class="outer-wrapper">
    <!-- 顶部导航条 -->
    <div class="topbar">
        <div class="topbar-left">欢迎注册!</div>
    </div>
    <div class="body-wrapper">
        <ul>
            <li class="clearfix">
                <div class="title-left">账号注册</div>
                <div class="title-right">手机号码注册</div>
            </li>
            <li>
                <div class="li-left">*账号</div><input type="text"><br>
                <div class="li-bottom">6~18个字符, 可使用字母、数字、下画线, 需以字母开头</div>
            </li>
            <li><div class="li-left">*密码</div><input type="text"><br>
                <div class="li-bottom">6~16个字符, 不区分大小写</div>
            </li>
            <li><div class="li-left">*确认密码</div><input type="text"><br>
                <div class="li-bottom">请再次填写密码</div>
            </li>
        </ul>
    </div>
    <div class="foot-wrapper">
        <input type="checkbox">同意"服务条款"和"隐私权相关政策"<br>
        <input type="submit" value="立即注册">
    </div>
</div>
</body>
```

图 2-22 编写注册页面代码

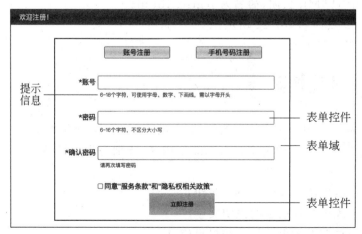

图 2-23 表单标记

2. 表单控件

常用表单控件的属性如表 2-2 所示。用户可以用表单控件输入文字信息，或者从选项中选择内容，以及进行提交操作。

表 2-2 表单控件的属性

属　　性	说　　明
input type="text"	单行文本输入框
input type="password"	密码输入框（输入的文字用 * 表示）
input type="radio"	单选框
input type="checkbox"	复选框
select	列表框
textarea	多行文本输入框
input type="submit"	将表单内容提交给服务器的按钮
input type="reset"	将表单内容全部清除，重新填写的按钮

3. 表单格式

表单格式语法如下：

\<form action="确定后执行的网页"。method="提交方法"\>
\<input type="。" name=""\>

说明：＜input type=" "＞用于定义一个输入框，type 属性决定输入框的类型。
表单格式具体应用如图 2-21 所示。
参数说明：
action：指定提交后由服务器用哪个处理程序处理，如 action="URL"。
method：指定向服务器提交的方法，一般为 post（通过打包发送）或 get 方法（通过附加在网址后面发送）。

任务 2.7　HTML5 新功能应用——航展交流互动

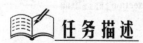

任务描述

使用 HTML5 新增的语义元素创建航展交流互动页面，如图 2-24 所示。

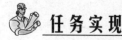

1. 分析页面结构

分析页面结构，合理使用语义标签，如图 2-25 所示。

2. 创建 HTML 页面

新建名为 interaction.html 的文件并保存在站点文件夹下面，再创建 HTML 的基本结构。

任务 2.7
HTML5
新功能应
用.mp4

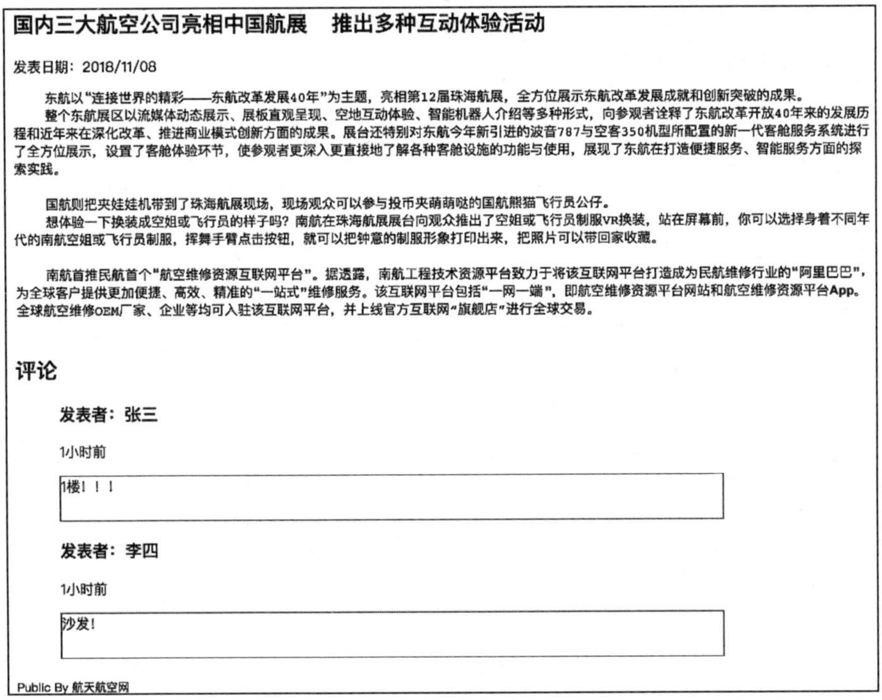

图 2-24　航展交流互动页面

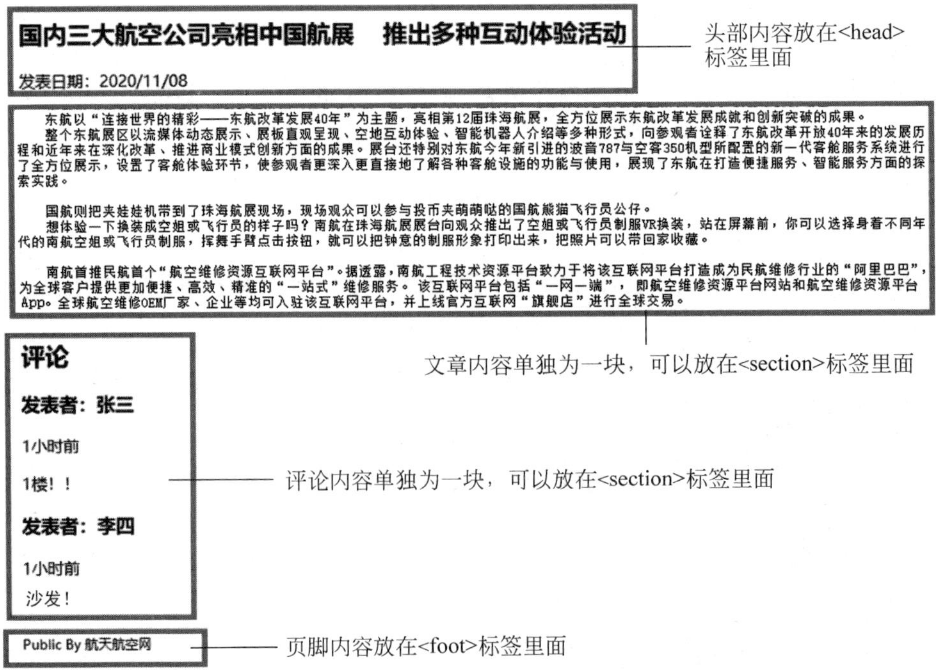

图 2-25　航展交流互动页面结构

3. 搭建页面主要框架

根据对页面结构的分析,搭建页面的主要框架,具体代码如图 2-26 所示。

4. 完善头部代码

分析头部内容可知,头部包括一行标题和发表日期,可以使用标题标签和段落标签,其中发表日期可以放在 HTML5 新增的 <time> 标签里面,具体代码如图 2-27 所示。

```
<body>
    <article>
        <!-- 头部 -->
        <head>
        </head>
        <!-- 文章内容 -->
        <section>
        </section>
        <!-- 评论部分 -->
        <section>
        </section>
        <!-- 页脚 -->
        <footer>
        </footer>
    </article>
</body>
```

图 2-26　页面主要框架

```
<header>
    <h1>国内三大航空公司亮相中国航展　推出多种互动体验活动</h1>
    <p>发表日期: <time pubdate="pubdate">2018/11/08</time></p>
</header>
```

图 2-27　头部代码

5. 完善文章内容部分的代码

文章内容就是单纯的文字展示,可以使用 <p> 标签,也可以使用 <pre> 标签。使用 <pre> 标签可以对空行和空格进行控制。具体代码如图 2-28 所示。

```
<section>
    <pre>
东航以"连接世界的精彩——东航改革发展40年"为主题,亮相第12届珠海航展,全方位展示东航改革发展成就和创新突破的成果。
整个东航航区以流媒体动态展示、展板直观呈现、空地互动体验、智能机器人介绍等多种形式,向参观者诠释了东航改革开放40年来的
发展历程和近年来在深化改革、推进商业模式创新方面的成果。展台还特别对东航今年新引进的波音787与空客350机型所配置的新一代
客舱服务系统进行了全方位展示,设置了客舱体验环节,使参观者更深入更直接地了解各种客舱设施的功能与使用,展现了东航在打造
便捷服务、智能服务方面的探索实践。
国航则把夹娃娃机带到了珠海航展现场,现场观众可以参与投币夹萌萌哒的国航熊猫飞行员公仔。
想体验一下换装成空姐或飞行员的样子吗?南航在珠海航展展台向观众推出了空姐或飞行员制服VR换装,站在屏幕前,你可以选择身着
不同年代的南航空姐或飞行员制服,挥舞手臂点击按钮,就可以把钟意的制服形象打印出来,把照片可以带回家收藏。
南航首推民航首个"航空维修资源互联网平台"。据透露,南航工程技术资源平台致力于将该互联网平台打造成为民航维修行业的"阿里巴
巴",为全球客户提供更加便捷、高效、精准的"一站式"维修服务。该互联网平台包括"一网一端",即航空维修资源平台网站和航空维
修资源平台App。全球航空维修OEM厂家、企业等均可入驻该互联网平台,并上线官方互联网"旗舰店"进行全球交易。
    </pre>
</section>
```

图 2-28　文章内容代码

6. 完善评论部分的代码

对评论部分的内容进行分析,可以将每条评论放在一个 <article> 标签里面。每条评论又分头部和内容,头部包括发表者和发表时间。具体代码如图 2-29 所示。

7. 完善页脚的代码

页脚部分只有一行文字,具体代码如图 2-30 所示。

页面最终效果如图 2-24 所示。

图 2-29　评论部分代码　　　　　

图 2-30　页脚部分的代码

 相关知识与技能

1. 语义元素的含义

语义元素可以清楚地向浏览器和开发者描述其意义。

非语义元素的例子：＜div＞和＜span＞无法提供关于其内容的信息。

语义元素的例子：＜form＞、＜table＞及＜img＞可以清晰地定义其内容。

2. HTML5 中新的语义元素

许多网站包含了指示导航、页眉以及页脚的 HTML 代码，如＜div id="nav"＞＜div class="header"＞＜div id="footer"＞。

HTML5 提供了定义页面不同部分的新语义元素，下面介绍几个常用的语义元素。

＜article＞：规定独立的自包含内容。

＜aside＞：页面主内容之外的某些内容（如侧栏）。

＜footer＞：为文档或节规定页脚。

＜header＞：为文档或节规定页眉。

＜nav＞：定义导航链接集合。

＜section＞：定义文档中的节。

学习任务工单

课 前 学 习	课 中 学 习	课后拓展学习
(1) 完成微课视频和课件：HTML 常用标签、HTML5 新增元素。 (2) 发帖讨论：HTML 的发展经历哪些阶段？HTML5 的优势是什么？ (3) 完成课前测试	(1) 查看各大网站的 HTML 标签。 (2) 在 VS Code 软件中设计图文混排页面	(1) 完成超星平台"HTML 常用标签小结＋综合案例"中的"综合案例"，并提交到超星平台。 (2) 将学习中遇到的问题发布在超星平台。 (3) 完成本项目的单元测试

小结

本项目主要讲授了网页构成的"母语"HTML 语言，从 HTML 语言的基础知识、HTML 常用标签到 HTML5 新增标签，并以实际案例进一步剖析。对 HTML 的常用标签进行了归纳，同时对重点标签用实例进行了讲解，对珠海航展网站编程经常用到及最关键的文本、图片、表格、表单、链接进行了细致的分析,尤其对 HTML5 中文本和图片的显示样式进行了详细讲解。

通过本项目的学习,读者能了解 HTML 的基本结构,熟悉 HTML 的常用标签,能运用 HTML5 标签制作图文混排页面。

思政一刻:第十三届中国国际航空航天博览会

2021 年 9 月 28 日至 10 月 3 日,为期 6 天的第十三届中国国际航空航天博览会在广东省珠海市国际航展中心圆满落幕,而我国航空航天和装备领域展现的拼搏创新精神,依然久久激荡在人们心头。特别是其中的歼-20 战斗机更让观众印象深刻。发动机是飞机的心脏,歼-20 的发动机是国产的,这架飞机装了中国式的"心脏",彰显了民族自豪感。

课后练习

一、单选题

1. HTML 语言是(   )。
   A. 一种编程语言   B. 超文本标记语言
   C. 网络通信协议   D. 互联网通信协议
2. 下列选项可以在新窗口中打开网页文档是(   )。
   A. _self   B. _blank   C. _parent   D. _top
3. 下列产生带有数字列表符号的标签是(   )。
   A. <ul>   B. <dl>   C. <ol>   D. <list>
4. 在 HTML 中,下列的(   )可以插入图像。
   A. <img href="image.gif">   B. <image src="image.gif">
   C. <img src="image.gif">   D. <img>image.gif</img>
5. <input>元素的 type 属性的取值不会是(   )。
   A. checkbox   B. image   C. button   D. select
6. 以下为 HTML5 新增标签的是(   )。
   A. <aside>   B. <isindex>   C. <samp>   D. <s>
7. 下列选项关于标签默认样式说法正确的是(   )。
   A. 标题标签只是默认加粗   B. 段落标签默认带有外边距和内边距
   C. 无序列表默认带有外边距和内边距   D. input 无默认样式
8. 下列关于 HTML5 说法正确的是(   )。
   A. HTML5 主要对移动端进行了优化
   B. HTML5 只是对 HTML4 的一个简单升级
   C. 所有主流浏览器都支持 HTML5
   D. HTML5 新增了离线缓存机制
9. 在 HTML5 中,(   )属性用于规定输入字段是必填的。
   A. readonly   B. required   C. validate   D. placeholder
10. 在 HTML 中,下列有关邮箱的链接书写正确的是(   )。
    A. <A href="mailto:zhangming@aptech.com">发送邮件</A>
    B. <A href="mail:zhangming@aptech.com">发送邮件</A>
    C. <A href="ftp:zhangming@aptech.com">发送邮件</A>

D. ＜A href＝"telnet:zhangming@aptech.com"＞发送邮件＜/A＞

二、操作题

1. 根据提供的素材制作图文混排页面,单击"详情"链接会出现相应的电影简介的文字说明,如图 2-32 所示。

图 2-32　图文混排

2. 制作"添加新员工"表单页面,如图 2-33 所示。

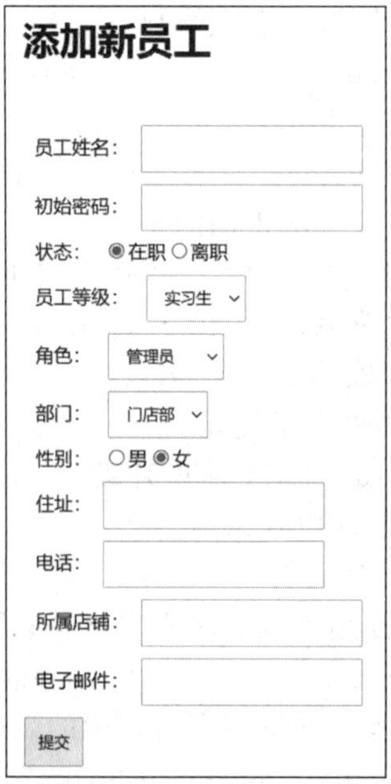

图 2-33　表单页面

项目 3 CSS 样式基础

项目描述

CSS(cascading style sheet,层叠样式表)是一种样式表语言,可用来描述网站的表示形式。用于控制网页样式并允许将网页表示形式与网页内容分离,可以统一定制多个网页的页面布局和页面元素的一致外观。它提供了便利的更新功能,能在不同页面上快速实现相同的格式,也可在同一页面上快速实现不同内容具有相同的格式。珠海航展网站有多个页面,每个页面正文的格式一样,且每个页面上标题、正文、图片、表格的格式不一致,因此要快速实现这种效果,就必须采用 CSS 样式。

知识目标

- 掌握 CSS 基础选择器的使用方法
- 熟悉 CSS 样式文本、图像、超链接、背景等属性
- 理解 CSS 优先级

职业能力目标

能使用 CSS 样式美化页面

教学导航

教学重点	(1) CSS 的基本管理和应用; (2) CSS 的灵活运用、样式冲突
教学难点	CSS 的灵活运用、样式冲突
推荐教学方式	讲授、项目教学、案例教学、问题导向或讨论、分工合作
推荐学时	4 学时
推荐学习方法	多动手实践,创建和应用 CSS 样式

任务 3.1 使用 CSS 样式修饰文本——珠海航展知识

任务描述

使用 CSS 样式对 knowledge.html 网页文本"珠海航展知识"做 CSS 样式设置,设置后效果如图 3-1 所示。

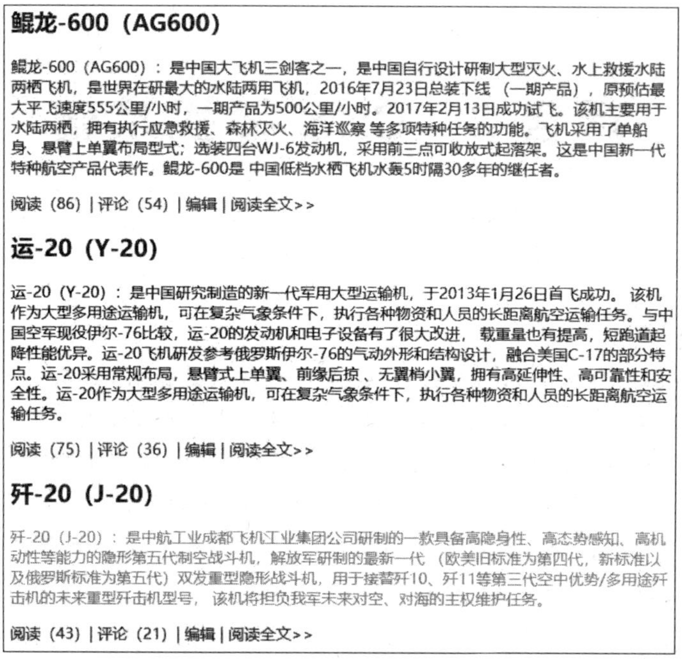

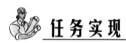

图 3-1　knowledge.html 网页文本"珠海航展知识"设置效果

任务实现

任务 3.1　使用 CSS 样式修饰文本—珠海航展知识.mp4

1. 创建 CSS 样式

在相关页面的<head>与</head>中添加<style> </style>类型的代码,分别创建 *（通配符选择器）、p（标签选择器）、♯p2（ID 选择器）和.p3（自定义选择器）。具体代码如下:

```
*{
  color: green;
}
p{
  color: red;
}
# p2{
  color: blue;
}
.p3{
  color: orange;
}
```

2. 应用 CSS 样式

（1）通配符选择器自动应用于文档中所有元素。

（2）标签选择器会自动应用到文档中对应的元素标签中。

（3）ID 选择器通过 id 属性应用在对应的元素中。

（4）自定义选择器通过 class 属性应用在对应的元素中。

应用如图 3-2 所示。

```
<h2>鲲龙-600 (AG600) </h2>
<p>鲲龙-600 (AG600)，是中国大飞机三剑客之一，是中国自行设计研制的大型灭火、水上救援水陆两栖飞机，是世界在研最大的水陆两用飞机，2016年7月23日总装下线（一
期产品），原预估最大平飞速度为555公里/小时，一期产品为500公里/小时。2017年2月13日成功试飞。该机主要用于水陆两栖，拥有执行应急救援、森林灭火、海洋巡察 等多
项特种任务的功能。飞机采用了单船身、悬臂上单翼布局型式，选装四台WJ-6发动机，采用前三点可收放式起落架，这是中国新一代特种航空产品代表作。鲲龙-600是
中国低档水栖飞机水轰5时隔30多年的继任者。</p>
<p>阅读（86）｜评论（54）｜编辑｜阅读全文&gt;&gt;</p>

<h2>运-20 (Y-20) </h2>
<p id="p2">运-20 (Y-20)，是中国研制制造的新一代军用大型运输机，于2013年1月26日首飞成功。 该机作为大型多用途运输机，可在复杂气象条件下，执行各种物资和人员
的长距离航空运输任务，与中国空军现役伊尔-76比较，运-20的发动机和电子设备有了很大改进。 载重量也有提高。短跑道起降性能优异。运-20机研发参考俄罗伊尔-76
的气动外形和结构设计，融合美国C-17的部分特点。运-20采用常规布局，悬臂式上单翼、前缘后掠、无翼梢小翼，拥有高延伸性、高可靠性和安全性。运-20为大型多用途
运输机，可在复杂气象条件下，执行各种物资和人员的长距离航空运输任务。</p>
<p>阅读（75）｜评论（36）｜编辑｜阅读全文&gt;&gt;</p>

<h2>歼-20 (J-20) </h2>
<p class="p3">歼-20 (J-20)，是中航工业成都飞机工业集团公司研制的一款具备高隐身性、高态势感知、高机动性等能力的隐形第五代制空战斗机。解放军研制的最新一代
（欧美旧标准为第四代、新标准以及俄罗斯标准为第五代）双发重型隐形战斗机，用于接替歼10、歼11等第三代空中优势/多用途歼击机的未来重型空击机型号， 该机将担负我
军未来对空、对海的主权维护任务。</p>
<p>阅读（43）｜评论（21）｜编辑｜阅读全文&gt;&gt;</p>
```

图 3-2　在 knowledge.html 页面中应用 CSS 样式

保存上述代码并用浏览器运行，最终应用样式后效果如图 3-1 所示。

相关知识与技能

文本的样式多种多样，使用 CSS 样式表，用户既可为文字设置样式，也可为文本对象设置样式。

使用 HTML 修饰页面时，存在很大的局限和不足，如维护困难、代码阅读不方便等。大型网站的开发成为一个漫长而昂贵的过程，因为风格信息被反复添加到网站的每一个页面上。为了解决这一问题，万维网联盟（W3C）于 1996 年引入了 CSS，并维护了它的标准。CSS 旨在实现表示和内容的分离。现在，Web 设计人员可以将网页的格式信息移动到单独的样式表中，这会使 HTML 标签更加简单，并且具有更好的可维护性。

任务 3.1　相关知识与技能—文本样式 1.mp4

1. CSS 样式概述

CSS 不是一种程序设计语言，而只是一种用于网页排版的标记性语言，是对现有HTML 语言功能的补充和扩展。

1996 年发明的 CSS 可以对页面布局、背景、字体大小、颜色、表格等属性进行统一的设置，然后用于页面各个相应的对象。

CSS 样式是预先定义的一个格式的集合，包括字体、大小、颜色、对齐方式等。利用 CSS 样式可以使整个站点的风格保持一致。CSS 是网页设计中用途最广泛、功能最强大的元素之一。

任务 3.1　相关知识与技能—文本样式 2.mp4

1) CSS 样式表的功能

➢ 灵活控制页面中文字的字体、颜色、大小、间距、风格及位置。

➢ 随意设置一个文本块的行高、缩进，并可以为其加入三维效果的边框。

➢ 更便于定位网页中的任何元素并为其设置不同的背景颜色和背景图片。

➢ 精确控制网页中各元素的位置，方便灵活地控制网页外观。

➢ 可以给网页中的元素设置各种过滤器，从而产生诸如阴影、模糊、透明等效果，而这些效果只有在一些图像处理软件中才能实现。

➢ 可以与脚本语言相结合，使网页中的元素产生各种动态效果。

➢ 提高页面浏览速度，易于维护和改版。

任务 3.1　相关知识与技能—文本样式 3.mp4

2) CSS 样式的特点

➢ 文件的使用：很多网页为追求设计效果而大量使用图形，以致网页的下载速度变得很慢。CSS 提供了很多的文字样式、滤镜特效等，可以轻松取代原来图形才能表现的视觉

效果。这样的设计不仅使修改网页内容变得更方便,也大大提高了下载速度。
- 集中管理样式信息:CSS 可以将网页要展示的内容与样式设定分开,也就是将网页的外观设定信息从网页内容中独立出来,并集中管理。这样,当要改变网页外观时,只需要改变样式设定的部分,HTML 文件本身并不需要更改。
- 共享样式设定:将 CSS 样式信息存成独立的文件,可以让多个网页共同使用,从而避免了每一个网页文件中都要重复设定的麻烦。
- 将样式分类使用:多个 HTML 文件可使用一个 CSS 样式文件,一个 HTML 网页文件上也可以同时使用多个 CSS 样式文件。
- 样式冲突:在同一文本中应用两种或两种以上的样式时,这些样式相互冲突,产生不可预料的效果。浏览器根据以下规则显示样式属性。

任务 3.1 相关知识与技能—CSS 优先级.mp4

2. CSS 基本语法

作为一种网页的标准化语言,CSS 有着严格的书写规范和格式。

1)基本组成

CSS 样式一般加在 head 部分,如<style type="text/css">和</style>分别被浏览器识别为 CSS 的开始和结束。而注释标签<!--...-->则是避免不支持 CSS 的浏览器将 CSS 内容作为网页正文显示在页面上。

通常情况下,CSS 的描述部分是由三部分组成的,分别是选择器、属性和属性值,一条完整的 CSS 样式语句包括以下几个部分。

```
Selector{
    Property:value
}
```

在上面的代码中,各关键词的含义如下。
- Selector:为选择器,其作用是为网页中的标签提供一个标识,以供其调用;
- Property:为属性,其作用是定义网页标签样式的具体类型;
- Value:属性值是属性所接受的具体参数。

2)书写规范

虽然杂乱的代码同样可被浏览器读取,但是书写简洁、规范的 CSS 代码可以给修改和编辑网页带来很大的便利。

在书写 CSS 代码时,需要注意以下几点。

(1)单位的使用。在 CSS 中,如果属性值是一个数字,那么用户必须为这个数字安排一个具体的单位,除非该数字是由百分比组成的比例,或者数字为 0。

例如,分别定义两层,其中第一层为父容器,以数字属性值为宽度;而第二层为子容器,以百分比为宽度。代码如下:

```
#parentCont{
    Width:1024px
}
#childCont{
    Width:60%
}
```

（2）引号的使用。多数的 CSS 属性值都是数字值或预先定义好的关键字。然而，有一些属性值则是含有特殊意义的字符串，这时引用这样的属性值就需要为其添加引号。

典型的字符串属性就是各种字体的名称。例如：

```
span{
    font-family: "仿宋";
}
```

（3）多重属性。如果在 CSS 代码中，有多个属性并存，则每个属性之间需要以分号";"隔开。例如：

```
.content{
    Color:#FFFFFF;
    font-family: "幼圆体";
    font-size:16px;
}
```

（4）大小写敏感和空格。CSS 对大小写十分敏感，区分大小写。除了一些字符串式的属性值以外，CSS 中的属性和属性值必须小写。

3）注释

与多数编程语言一样，用户也可以为 CSS 代码进行注释，但与同样用于网页的 XHTML 语言注释方式不同。在 CSS 中，注释以"/*"开头，以"*/"结尾。例如：

```
.text{
    font-family: "幼圆体";
    font-size:16px;
    /*设置字体和大小*/
}
```

4）文档的声明

在外部 CSS 文件中，通常需要在文件的头部创建 CSS 的文档声明，以定义 CSS 文档的一些基本属性。常用的文档声明如表 3-1 所示。

表 3-1　常用的文档声明

声 明 类 型	作　　用
@import	导入外部 CSS 文件
@charset	定义当前 CSS 文件的字符集
@font-face	定义嵌入 XHTML 文档的字体
@fontdef	定义嵌入的字体定义文件
@page	定义页面的版式
@media	定义设备类型

3. 网页中引用 CSS 样式

在 HTML 文件中使用 CSS 的方式有以下四种。

1）行内样式

行内样式也称内联样式，是混合在 HTML 标记中使用的。行内样式表是最简单的一种使用方式,该方式直接把 CSS 代码添加到 HTML 的代码行中,由＜style＞标签支持,直接在 HTML 标签中加入 style 参数。而 style 参数的内容就是 CSS 的属性和值。例如:

```
<body>
<h1 style="font-family:宋体;font-size:12pt;color=blue">这是行间定义的 H1 标签
</h1>
</body>
```

2)嵌入式

嵌入式也称内部样式表,将样式定义作为网页代码的一部分,写在 HTML 文档的＜head＞和＜/head＞之间,通过＜style＞和＜/style＞标签来声明。这样定义样式的好处是可以将整个页面中所有的 CSS 样式集中管理,以选择器为接口供网页浏览器调用。嵌入样式与行内样式比较,行内样式的作用域只有一行,而嵌入样式可以作用于整个 HTML 文档中。从下面的代码中可以看出＜style＞标签的用法:

```
<head>
<style type="text/css">
h1 {font-family:宋体;font-size:12pt;color=blue}
</style>
</head>
<body>
<h1>在这里使用了 H1 标签</h1>
</body>
```

3)链接式

链接式需要首先定义一个扩展名为".css"的文件(即外部样式表),比如样式表文件 style.css,该文件包含需要用到的 CSS 规则,不包含任何其他的 HTML 代码。链接样式表的方法就是在 HTML 文件的＜head＞部分添加代码,格式如下:

```
<link rel="stylesheet" type="text/css" href=" style.css" />
```

4)导入式

导入式也称外部样式表,导入式和链接式的操作过程基本相同,需要在内嵌样式表的＜style＞标签中使用@import 导入一个外部的 CSS 文件。导入式是 HTML 文件初始化时将外部 CSS 文件导入 HTML 文件内,作为文件的一部分,类似于嵌入式。而链接式则是在 HTML 标签需要样式风格时才以链接方式引入。例如:

```
<head>
<style type="text/css">
@import url(CSS 文件路径地址);
</style>
<style type="text/css">
```

提示:导入外部样式表必须在＜head＞部分。

4. 层叠式样式在页面中的表现形式

以下三种不同的来源决定了网页上显示的样式:由页面的作者创建的样式表,用户的自定义样式选择(如果有)和浏览器本身的默认样式。浏览器具有自身默认样式表来指定网页的呈现方式,用户可以根据需要对浏览器进行自定义。网页的最终外观是由以上三种来源的规则共同作用(或者"层叠")的结果,最后以最佳方式呈现网页。

下面以常见的段落标签<p>来说明。默认情况下,浏览器自带有为段落文本(即位于HTML 代码中<p>...</p>标签之间的文本)定义字体和字体大小的样式表。如在 Internet Explorer 中,包括段落文本在内的所有正文文本都默认显示为 Times New Roman 中等字体。

但是作为网页的作者,可以创建能覆盖浏览器默认样式的样式表来改变段落字体及其大小。例如,可以在样式表中创建以下规则:

```
p{
    font-family:Arial;
    font-size:samall;
}
```

当用户加载页面时,作者设置的段落字体和字体大小设置会取代浏览器的默认段落文本设置。

用户可以选择以最佳方式自定义浏览器的显示,以方便使用。如在 Internet Explorer 中,如果用户认为页面字体太小,则可以选择"查看"→"文字大小"→"最大"命令将页面字体扩展到更易辨认的大小。最终用户的选择将覆盖浏览器默认样式和网页作者创建的段落样式中设置的段落字体及其大小。

任务 3.1 相关知识与技能—CSS 层叠性和继承性.mp4

继承性是层叠的另一个重要部分,网页上的大多数元素的属性都是可继承的,比如,段落标签从 body 标签中继承了某些属性,span 标签从段落标签中继承了某些属性等。因此,如果在样式表中创建以下规则:

```
body{
    font-family:Arial;
    font-style:italic;
}
```

网页上的所有段落文本(以及从段落标签继承属性的文本)都会是 Arial 字体、斜体,因为段落标签从 body 标签中继承了这些属性。如果想让 CSS 规则更具体,可以创建一些能覆盖标准继承公式的样式。例如,在样式表中创建以下规则:

```
body{
    font-family:Arial;
    font-style:italic;
}
p{
    font-family:Courier;
    font-style:normal;
}
```

所有正文文本将是 Arial 字体、斜体,但段落(及其继承的)文本除外,它们将显示为 Courier 字体、常规(非斜体)。从技术上来说,段落标签首先继承 body 标签中设置的属性,但是随后将忽略这些属性,因为它具有本身已定义的属性。

5. CSS 基础选择器

要想将 CSS 样式应用于特定的 HTML 元素,首先需要找到该目标元素。在 CSS 中,执行这个任务的样式规则部分被称为 CSS 基础选择器。

常用的 CSS 基础选择器有标签选择器、类选择器、ID 选择器。

1) 标签选择器

标签选择器是指用 HTML 标签名称作为选择器,会按标签名称分类,为页面中某一类标签指定统一的 CSS 样式。其基本语法格式如下:

标签名{属性1:属性值1; 属性2:属性值2; 属性3:属性值3; ... }

该语法中,所有的 HTML 标签名都可以作为标签选择器,如 body、p、strong 等,定义的样式对页面中该类型的所有标签都有效。例如,下面的 CSS 代码用于设置 HTML 页面中所有的段落文本,字体大小为 14 像素,颜色为红色。

```
p{font-size:14px;color:red;}
```

标签选择器最大的优点是能快速为页面中同类型的标签统一样式,同时这也是它的缺点,无法描述某一个元素的"个性"。

2) 类选择器

类选择器是以一种独立于文档元素的方式来指定样式。使用类选择器之前需要在 HTML 元素上定义类名,也就是说需要保证类名在 HTML 标签中存在,这样才能选择类。

类选择器使用"."(英文点号)进行标识,后面紧跟类名,语法如下:

.类名{属性1:属性值1; 属性2:属性值2; 属性3:属性值3; ... }

例如,下面的类选择器用于 p 元素的 text 属性,p 元素中的文本为 14 像素,颜色为红色。

```
.text{font-size:14px;color:red;}
<body>
<p class="text">CSS 类选择器</p>
</body>
```

提示:在 HTML 页面中的元素只要应用了 class="text"属性,则该元素均具有 text 属性值。

(1) 类选择器命名规则。

➢ 不要用纯数字、中文等命名,尽量使用英文字母来表示。

➢ 名字要有相应的含义,不要胡乱起名称。

➢ 尽量用驼峰写法,即通过首字母的大写来区分多个词汇,如 SearchButton(大驼峰)、searchButton(小驼峰,推荐写法)。

(2) 类选择器特点。

① 类选择器可以被多种标签使用(重复利用)。

② 同一个标签可以使用多个类选择器,用空格隔开。

3) ID 选择器

ID 选择器针对某一个特定的标签来使用,只能使用一次。CSS 中的 ID 选择器以"#"来定义。语法如下:

```
#id名{属性1:属性值1; 属性2:属性值2; 属性3:属性值3; …}
```

该语法中,id名即为HTML元素的id属性值。大多数HTML元素都可以定义id属性。例如:

```
#mybox{border:3px dashed green;}
<body>
    <div id="mybox">ID选择器</div>
</body>
```

提示:除了以上选择器以外,还有一种通配符选择器。通配符选择器使用"*"号表示,语法格式如下:

```
*{属性1:属性值1; 属性2:属性值2; 属性3:属性值3; …}
<style type="text/css">
*/*定义通用选择器*,希望所有标签的上边距和左边距都为0*/{
    margin-left:0px;
    margin-top:0px;
}
</style>
```

实际网页开发中不建议使用通配符选择器,因为IE的有些版本对其不支持,另外在访问一些大网站时也会增加客户端负担,效率不高。页面上的标签越多,效率越低,所以页面上不能出现这个选择器。

6. CSS规则定义的功能和英文对照表

1) 类型

类型中主要是进行文本属性设置,如字体、字体大小、加粗、行高和文本颜色等,添加相关代码后进行保存即可。相关属性说明如下。

- font-family:设置字体。
- font-size:设置字体大小。
- font-weight:设置字体粗细。
- font-style:设置字体风格,如斜体、正常等。
- font-variant:设置字体变量(用来设定字体是正常显示,还是以小型大写字母显示)。
- line-height:设置行高,即字行间距。
- text-transform:进行文本转换,主要是字体的大小写转换。
- text-decoration(字体装饰):underline设置下画线,overline设置上画线,line-through设置线从文字中穿过。
- blink设置闪光,none表示不进行字体修饰。

注意:字体、大小、文本颜色、粗体、斜体和对齐属性始终遵循"文档"窗口中当前所选内容的规则。在更改其中的任何属性时,都会影响目标规则。

2) 背景

背景的设置有背景颜色、背景图像、背景图的重复方向(无方向、X方向和Y方向)等,添加相关代码后进行保存即可。相关属性说明如下。

- background-color(C):设置背景颜色。

- background-image(I)：设置背景图片。
- background-repeat(R)：设置背景重复。
- background-attachment(T)：设置背景附着（即背景图片是否随文档滚动）。
- background-position(X)：设置背景位置 X。
- background-position(Y)：设置背景位置 Y。

3）区块

区块中可以对字符间距、文本缩进、对齐方式等进行设置，添加相关代码后进行保存即可。相关属性说明如下。

- word-spacing：控制单词间距。所谓单词，就是用空格分开的字符串。
- letter-spacing：设置字符间距。
- vertical-align：设置垂直对齐方式，相关参数如表 3-2 所示。

表 3-2 vertical-align 参数

值	描述
baseline	默认值。元素放置在父元素的基线上
sub	垂直对齐文本的下标
super	垂直对齐文本的上标
top	把元素的顶端与行中最高元素的顶端对齐
text-top	把元素的顶端与父元素字体的顶端对齐
middle	把此元素放置在父元素的中部
bottom	把元素的顶端与行中最低的元素的顶端对齐
text-bottom	把元素的底端与父元素字体的底端对齐

- text-aline：设置水平对齐方式，相关参数如表 3-3 所示。

表 3-3 text-aline 参数

值	描述
left	把文本排列到左边。默认值由浏览器决定
right	把文本排列到右边
center	把文本排列到中间
justify	实现两端对齐文本效果

- text-indent：设置文本缩进。
- white-space：设置如何处理元素内的空白，相关参数如表 3-4 所示。

表 3-4 white-space 参数

值	描述
normal	默认情况下空白会被浏览器忽略
pre	空白会被浏览器保留。作用类似 HTML 中的 <pre> 标签
nowrap	文本不会换行，而会在同一行上继续，直到遇到 标签为止

- dispaly：规定元素应该生成的框的类型，参数如表 3-5 所示，常用的 none、inline 和 block。

表 3-5 dispaly 参数

值	描述
none	元素不会被显示
block	元素将显示为块级元素,其前后会带有换行符
inline	默认值。元素会被显示为内联类型,元素前后没有换行符
inline-block	行内块元素(CSS 2.1 新增的值)
list-item	元素会作为列表显示
run-in	元素会根据上下文作为块级类型或内联类型显示
compact	CSS 中有该值,不过由于缺乏广泛支持,已经从 CSS 2.1 中删除
marker	CSS 中有该值,不过由于缺乏广泛支持,已经从 CSS 2.1 中删除
table	元素会作为块级表格来显示(类似 <table>),表格前后带有换行符
inline-table	元素会作为内联表格来显示(类似 <table>),表格前后没有换行符
table-row-group	元素会作为一个或多个行的分组来显示(类似 <tbody>)
table-header-group	元素会作为一个或多个行的分组来显示(类似 <thead>)
table-footer-group	元素会作为一个或多个行的分组来显示(类似 <tfoot>)
table-row	元素会作为一个表格行来显示(类似 <tr>)
table-column-group	元素会作为一个或多个列的分组来显示(类似 <colgroup>)
table-column	元素会作为一个单元格列来显示(类似 <col>)
table-cell	元素会作为一个表格单元格来显示(类似 <td> 和 <th>)
table-caption	元素会作为一个表格来标题来显示(类似 <caption>)
inherit	规定应该从父元素继承 display 属性的值

4) 方框

方框主要是对页面布局进行设置,添加相关代码后进行保存即可。相关属性说明如下。
➢ width:设置宽度。
➢ height:设置高度。
float:定义元素在哪个方向浮动,参数如表 3-6 所示。

表 3-6 float 参数

值	描述
left	元素向左浮动
right	元素向右浮动
none	默认值。元素不浮动,并会显示其在文本中出现的位置

➢ clear:规定元素的哪一侧不允许出现其他浮动元素,参数如表 3-7 所示。

表 3-7 clear 参数

值	描述
left	在左侧不允许出现浮动元素
right	在右侧不允许出现浮动元素

续表

值	描述
both	在左右两侧均不允许出现浮动元素
none	默认值。允许浮动元素出现在两侧

- padding：设置间隙的宽度。
- margin：设置边距的宽度。

5）边框

边框主要是对页面边框进行设置，添加相关代码后进行保存即可。

- style：设置样式（如虚线等），参数如表3-8所示。

表 3-8 style 参数

值	描述
none	定义无边框
dotted	定义点状边框。在大多数浏览器中呈现为实线
dashed	定义虚线。在大多数浏览器中呈现为实线
solid	定义实线
double	定义双线。双线的宽度等于 border-width 的值
groove	定义 3D 凹槽边框。其效果取决于 border-color 的值
ridge	定义 3D 垄状边框。其效果取决于 border-color 的值
inset	定义 3D inset 边框。其效果取决于 border-color 的值
outset	定义 3D outset 边框。其效果取决于 border-color 的值

- width：设置宽度，参数如表3-9所示。

表 3-9 width 参数

值	描述
thin	定义细的边框
medium	默认值。定义中等的边框
thick	定义粗的边框

- color：设置颜色。

6）列表

列表主要是对页面中的文本或图片（像）进行设置，添加相关代码后进行保存即可。

- list-style-type：设置列表样式类型，常用的参数如表3-10所示。

表 3-10 list-style-type 常用的参数

值	描述
none	无标记
disc	默认值。标记是实心圆
circle	标记是空心圆

续表

值	描述
square	标记是实心方块
decimal	标记是数字

- list-style-image：设置列表样式图片。
- list-style-position：设置列表样式位置，参数如表 3-11 所示。

表 3-11　list-style-position 参数

值	描述
inside	列表项目标记放置在文本以内，且环绕文本根据标记对齐
outside	默认值。保持标记位于文本的左侧。列表项目标记放置在文本以外，且环绕文本不根据标记对齐

7）定位

对页面元素进行定位设置，添加相关代码后进行保存即可。

- position：规定元素的定位类型，参数如表 3-12 所示。

表 3-12　position 参数

值	描述
absolute	生成绝对定位的元素，相对于 static 定位以外的第一个父元素进行定位。元素的位置通过 left、top、right 以及 bottom 属性进行限定
fixed	生成绝对定位的元素，相对于浏览器窗口进行定位。元素的位置通过 left、top、right 以及 bottom 属性进行限定
relative	生成相对定位的元素，相对于其正常位置进行定位。"left:20" 会向元素的 LEFT 位置添加 20 个像素
static	默认值。没有定位，元素出现在正常的流中（忽略 top、bottom、left、right 或者 z-index 声明）

- width：设置宽度。
- height：设置高度。

visibility：规定元素是否可见（即使不可见，但仍占用空间，建议使用 display 来创建不占页面空间的元素），参数如表 3-13 所示。

表 3-13　visibility 参数

值	描述
visible	默认值。元素是可见的
hidden	元素是不可见的
inherit	规定应该从父元素继承 visibility 属性的值

- z-index：设置元素的堆叠顺序（该属性设置一个定位元素沿 Z 轴的位置。Z 轴定义为垂直延伸到显示区的轴。该属性值如果为正数，则离用户更近；如果为负数，则表示离用户更远）。

➢ overflow：规定当内容溢出元素框时发生的事情，参数如表3-14所示。

表 3-14 overflow 参数

值	描述
visible	默认值。内容不会被修剪，会呈现在元素框之外
hidden	内容会被修剪，并且其余内容是不可见的
scroll	内容会被修剪，但是浏览器会显示滚动条以便查看其余的内容
auto	如果内容被修剪，则浏览器会显示滚动条以便查看其余的内容

➢ placement：控制元素的位置。
➢ clip：裁剪绝对定位元素。

8）扩展

扩展可实现页面元素的一些特殊效果，添加相关代码后进行保存即可。

➢ cursor：规定要显示的光标的类型（光标放在指定位置时的形状），参数如表3-15所示。

表 3-15 cursor 参数

值	描述
crosshair	光标呈现为十字形
text	光标指示文本
wait	光标指示程序正忙（通常是一只表或沙漏）
pointer	光标呈现为指示链接的指针（一只手）
default	默认光标（通常是一个箭头）
help	光标指示可用的帮助（通常是一个问号或一个气球）
e-resize	光标指示矩形框的边缘可被向右移动
ne-resize	光标指示矩形框的边缘可被向上及向右移动
n-resize	光标指示矩形框的边缘可被向上移动
nw-resize	光标指示矩形框的边缘可被向上及向左移动
w-resize	光标指示矩形框的边缘可被向左移动
sw-resize	光标指示矩形框的边缘可被向下及向左移动
s-resize	光标指示矩形框的边缘可被向下移动
se-resize	光标指示矩形框的边缘可被向下及向右移动
auto	默认值。浏览器设置的光标

➢ filter：滤镜效果，内容很多，部分浏览器对其中的一部分不支持，不建议使用。

9）过渡

过渡效果一般是由浏览器直接改变元素的CSS属性实现的，如果使用":hover"选择器，一旦用户将鼠标光标悬停在元素之上，浏览器就会应用跟选择器关联的属性。添加相关代码后进行保存即可。

7. 设置文字样式

在CSS中，用户可以方便地设置文本的字体、尺寸、前景色、粗体、斜体和修饰等。

1) 字体

设置文字的字体需要使用 CSS 样式表的 font-family 属性。在默认情况下，font-family 属性的值为 Times New Roman，用户可以为 font-family 设置各种各样的中文或其他语言的字体，例如黑体、仿宋等，每种字体的名称都应用英文双引号括住。如需要为文字设置备用的字体，可在已添加的字体后再添加一个逗号，将多个字体隔开。例如，设置 ID 为 loadtext 的内联文本的字体为"宋体,仿宋,黑体"，代码如下：

```
#loadtext {font-family:"宋体,仿宋,黑体";}
```

2) 尺寸

尺寸是指字体的大小。使用 CSS，用户可以通过 font-size 属性设置文本字体的尺寸，单位可以用相对单位也可以是绝对单位。例如，以下代码设置网页中所有正文的文本尺寸为 20px：

```
Body { font-size : 20px}
```

3) 前景色

前景色是文字本身的颜色。设置文字的前景色可使用 CSS 的 color 属性，其属性值可以是 6 位 16 进制色彩值，也可以是 RGB()函数的值或颜色的英文名称。例如，设置文本的颜色为红色，可使用以下几种方法：

```
Color:#ff0000;
Color:RGB(255,0,0);
Color:red;
```

4) 粗体

粗体是一种凸显文本的重要方式。在 CSS 中设置文字的粗体可以使用 font-weight 属性。font-weight 属性值可以是关键字或数字，如表 3-16 所示。

表 3-16 粗体属性表

关键字	属性值	说明
normal	400	标准字体
bold	700	加粗
bolder	800~900	更粗
lighter	100~300	较细

代码示例如下：

```
.boldText { font-weight :bold;}
```

5) 斜体

倾斜是各种字母文字的一种特殊凸显方式。在 CSS 中设置文字的斜体，可使用 font-style 属性。font-style 属性值主要包括 normal(标准的非倾斜文本)、italic(带有斜体变量的字体所使用的倾斜)、oblique(无斜体变量的字体所使用的倾斜)。

6) 修饰

修饰是指为文字添加各种外围的辅助线条，使文本更加突出，便于用户识别。在 CSS

中设置文本的修饰可使用 font-decoration 属性,通常应用在网页的超链接中。例如,删除网页中所有超链接的下画线,可以直接设置 font-decoration 属性。其设置代码如下:

```
a { font-decoration :none;}
```

8. 设置文本对象样式

文本对象往往是由文字组成的各种单位,如段落、标题等。设置文本对象的样式往往与文本的排版密切相关,包括设置文本的行高、段首缩进、对齐方式、文本流动方向等。

1)行高

行高是文本行的高度。在 CSS 中设置文本对象的行高时可使用 line-height 属性,其属性值既可以是相对长度,其也可以是绝对长度。设置代码如下:

```
p { line-height :25px}
```

2)段首缩进

段首缩进是区别段落的一种文本排版方法,可以设置段落的开头行向后缩进一段距离。

在 CSS 中设置文本的段首缩进可使用 tex-indent 属性,其属性值既可以是相对长度,也可以是绝对长度。设置段首缩进 2 个字符的代码如下:

```
p {text-indent :2em}
```

3)水平对齐方式

使用 CSS 样式设置文本对象的水平对齐方式可以使用 text-align 属性,其属性值主要包括 left(默认值,左对齐)、right(右对齐)、center(居中对齐)、justify(两端对齐)。其设置代码如下:

```
#exText { text-align : center}
```

4)垂直对齐方式

垂直对齐方式的设置代码如下。

```
span {vertiacal-align :sub}
```

任务 3.2　设置超链接样式——航展新闻列表

网页中的文本超链接自动显示为蓝色,并加下画线,有时需要改变这种样式,以便与网页的整体风格相适应,使用 CSS 样式就可以轻松实现。

本任务设置 anewsList.html 网页中的超链接样式,使标题的下画线不显示,如图 3-3 所示。当鼠标光标经过标题时显示下画线,其他文字的超链接使其在正常、鼠标光标经过、访问过后的不同状态显示出不同的样式。

任务 3.2　设置超链接样式——航展新闻列表.mp4

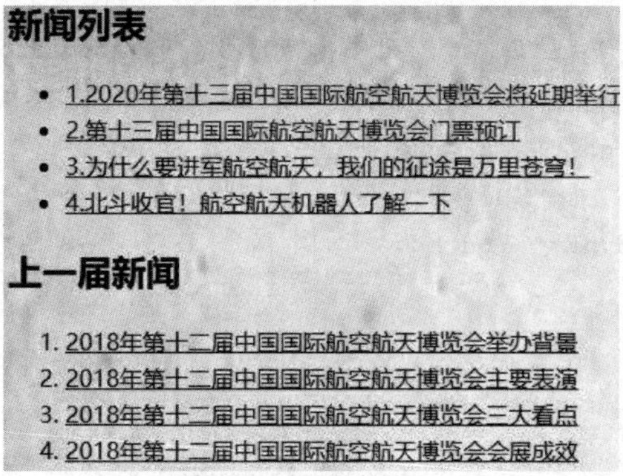

项目 3　CSS 样式基础

图 3-3　标题未设置超链接样式时的效果

任务实现

创建标题链接样式的方法如下。

（1）在 anewsList.html 页面中新建 CSS 样式，在 CSS 代码段中输入 a:hover 相关代码段，如图 3-4 所示。

（2）设置完后，把该样式应用在标题上。再浏览网页，效果如图 3-5 所示。

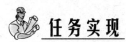

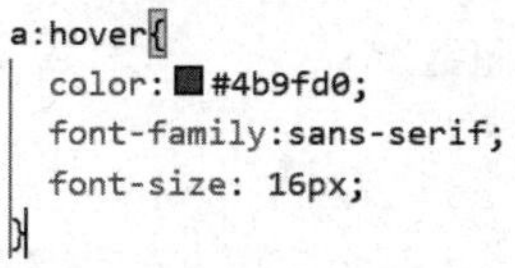

图 3-4　设置 a.hover 样式 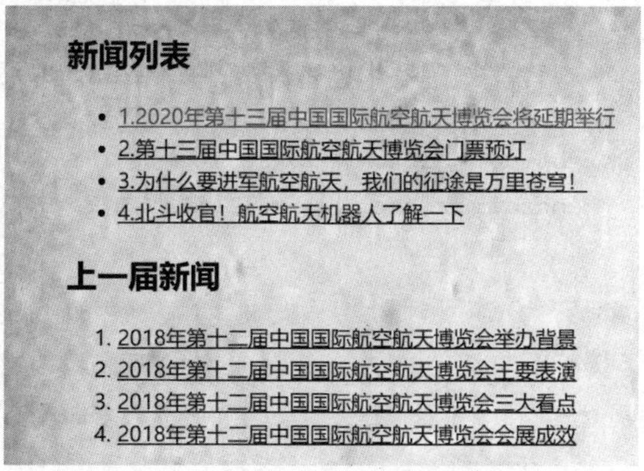　　　　　图 3-5　标题应用超链接样式后的效果

相关知识与技能

1. 使用代码创建超链接样式

在 HTML 语言中，超链接是通过标记<a>来实现的，链接的具体地址则是利用<a>标记的 href 属性，代码如下：

```
<a href="http://www.zhuhaispy.cn">珠海航展</a>
a{ /* 超链接的样式 */ text-decoration:none;         /*去掉下画线 */ }
```

2. 创建按钮式超链接

跟所有 HTML 页面一样，首先建立最简单的菜单结构。本例的 HTML 结构代码如下：

65

```
<body>
    <a href="home.htm">Home</a>
    <a href="east.htm">East</a>
    <a href="west.htm">West</a>
    <a href="north.htm">North</a>
    <a href="south.htm">South</a>
</body>
<style>
  a{
      display:block;              /*设置为块级元素*/
      font-family: Arial;         /*统一设置所有样式*/
      font-size: .8em;
      text-align:center;
      margin:3px;
  }
  a:link, a:visited{
          /*超链接正常状态,被访问过的样式*/
      color: #A62020;
      padding:4px 10px 4px 10px;
      background-color: #DDD;
      text-decoration: none;
      border-top: 1px solid #EEEEEE;      /*边框实现阴影效果*/
      border-left: 1px solid #EEEEEE;
      border-bottom: 1px solid #717171;
      border-right: 1px solid #717171;
  }

      a:hover{                              /*光标经过时的超链接*/
      color:#821818;`                       /*改变文字颜色*/
      padding:5px 8px 3px 12px;             /*改变文字位置*/
      background-color:#CCC;                /*改变背景色*/
      border-top: 1px solid #717171;        /*边框变换,实现"按下去"的效果*/
      border-left: 1px solid #717171;
      border-bottom: 1px solid #EEEEEE;
      border-right: 1px solid #EEEEEE;
  }
</style>
```

最终实现效果如图3-6所示。

图3-6　最终效果

任务 3.3　修饰图像、表格和背景——航展精彩图集

任务描述

使用 CSS 样式对 pictureTable.html 网页中的表格、背景、图像进行设置,效果如图 3-7 所示。

图 3-7　最后浏览效果

1. 表格边框设置

上边框:点画线、2px、blue;下边框:凸出、2px、red;左边框:双线、3px、purple;右边框:虚线、2px、orange。

2. 背景设置

网页背景使用蓝天白云的图片,图片保存在 images 文件夹下,图片尺寸设置为 cover,即把背景图片放大到适合元素容器的尺寸,图片长、宽比例不变。

任务实现

1. 装饰表格

(1) 打开网页 pictureTable.html,新建 CSS 样式,添加 table{}代码,以对表格进行边框设置。

(2) 在添加的 table 代码的括号中,按图 3-8 所示进行设置。

(3) 保存上述代码,在浏览器中查看设置效果是否符合要求。

2. 改变网页背景样式

(1) 将网页背景图片 sky.jpg 保存到 img 文件夹中。

(2) 打开网页 pictureTable.html,在已经创建的 CSS 样式中添加 body{}代码段,以对

任务 3.3　修饰图像、表格和背景—航展精彩图集.mp4

body 进行背景设置。

（3）在添加的 body 代码的括号中，按图 3-9 所示进行设置（只添加前两行代码即可）。

```
table{
    padding: 5px;
    border-top: 2px dotted ■blue;
    border-bottom: 2px ridge ■red;
    border-left: 3px double ■purple;
    border-right: 2px dashed ■orange;
}
```

图 3-8　设置边框样式

```
body{
    background-image: url(../img/sky.jpg);
    background-size:cover;
    background-repeat: no-repeat;
    background-color: ■aqua;
}
```

图 3-9　设置背景样式

（4）保存上述代码，在浏览器中查看设置效果是否符合要求。

 相关知识与技能

1. 修饰表格

使用 CSS 样式可以对表格进行更精细的装饰。在 CSS 代码中使用 table 边框属性对上、下、左、右 4 个方向边框的格式、宽度、颜色分别设置不同的值，设置代码如图 3-7 所示。

2. 修饰网页背景

使用 CSS 之后，网页背景有了更加灵活的设置。使用 CSS 根据需要设置相应元素的背景属性，如图 3-8 所示。

背景相关属性作用如下。

➢ background-image：直接填写背景图像的路径，或在集成开发环境中单击"浏览"按钮添加背景图像的位置。

➢ background-size：指定背景图像的大小。cover：表示保持图像的纵横比并将图像缩放成完全覆盖背景定位区域的大小。

➢ background-repeat：在使用图像作为背景时，可以设置背景图像的重复方式，包括"不重复""重复""横向重复"和"纵向重复"。

➢ background-color：选择固定色作为背景。

学习任务工单

课前学习	课中学习	课后拓展学习
（1）完成微课视频和课件的学习。 （2）发帖讨论：CSS 样式的引用方式有哪些？它们的区别是什么？ （3）完成单元测试	应用 CSS 知识美化页面	（1）查阅搜狐、新浪网站中 CSS 样式的应用。 （2）将学习中遇到的问题发布到超星平台上

小结

本项目介绍了 CSS 样式的基础及基本使用，主要有 CSS 样式概述、CSS 基本语法、CSS 样式引用、CSS 基础选择器等内容。

通过本项目的学习，读者应能掌握 CSS 基础选择器的使用方法，熟悉 CSS 样式文本、图像、超链接、背景等属性，理解 CSS 优先级并熟练运用 CSS 样式美化页面。

思政一刻:航空航天界的领军人物钱学森

钱学森在新中国成立初期,组织设计并发射了我国第一枚导弹、第一枚人造地球卫星,指导实施了两弹结合试验,被誉为"两弹一星元勋"。

钱学森获得美国加州理工学院航空、数学博士学位后,留校任教。1950年,钱学森准备回国建设新中国,美国使用了各种方法阻止他回国,甚至还将他关进监狱拘留了14天,最后他冲破重重困难终于回到了中国。回国后,钱学森一直致力于中国航空航天事业的发展,他领导科研团队独立自主的研制出导弹、卫星,并对中国航天事业做了系统性规划。

课后练习

一、单选题

1. CSS 的全称是(　　)。
   A. Computer Style Sheets　　　　B. Cascading Style Sheets
   C. Creative Style Sheets　　　　D. Colorful Style Sheets

2. 在 HTML 文档中,引用外部样式表的正确位置是(　　)。
   A. 文档的末尾　　　　　　　　B. 文档的顶部
   C. <body>部分　　　　　　　　D. <head> 部分

3. 下列选项中不属于 CSS 文本属性的是(　　)。
   A. image-height　　B. font-size　　C. text-align　　D. text-transform

4. 要设置上边框为10像素,下边框为5像素,左边框为20像素,右边框为1像素,代码为(　　)。
   A. border-width:10px 5px 20px 1px
   B. border-width:10px 20px 5px 1px
   C. border-width:5px 20px 10px 1px
   D. border-width:10px 1px 5px 20px

5. 以下 CSS 选择器,优先级最高的是(　　)。
   A. span:first-child　　　　　　B. #username
   C. span#username　　　　　　D. .username span

二、操作题

1. 参照本项目的三个任务,练习 CSS 样式的应用。

2. 用 CSS 美化自己的网页:利用所学知识制作如图 3-10 所示的"中国美食——鱼香肉丝"效果页面。

CSS 样式参考代码如下:

```
body {
    background-repeat: repeat-x;
    background-color: #0099CC;
    margin: 0px;
}
```

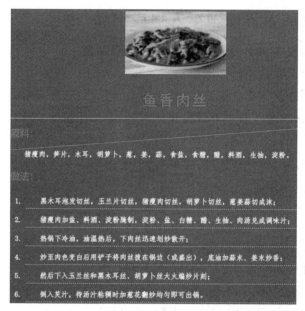

图 3-10　美食效果页面

```
.biaoti {
    font-family: "黑体";
    font-size: 36px;
    color: #C90;
    text-align: center;
    letter-spacing: 5px;
    text-shadow: 0px 0px 3px green;
}
.text {
    font-family:"仿宋_gb2312";
    font-size: 18px;
    font-weight: bold;
    color: #fff;
    text-indent: 2em;
    line-height: 35px;
}
.subtitle {
    font-size: 24px;
    color: #F60;
}
li {
    border-bottom: dashed 1px white;
    padding-top: 10px;
}
```

项目 4 CSS3 新增选择器和属性

📖 项目描述

在传统的 Web 设计中，当网页中要显示动画或特效时，通常需要使用 JavaScript 脚本或 Flash 来实现。现在，只需使用 CSS3 就可以实现相关的动画或特效的页面效果，而无须加载额外的文件，这极大地提高了网页开发者的工作效率，提高了页面的执行速度。

知识目标

- 熟悉 CSS3 新增选择器和属性
- 掌握关系选择器的使用方法
- 掌握常用的结构化伪类选择器和伪元素选择器的用法

职业能力目标

- 能应用 CSS3 新增选择器美化页面

📚 教学导航

教学重点	（1）:first-child 和 :last-child 选择器； （2）:nth-child(n) 和 :nth-last-child(n) 选择器； （3）链接伪类
教学难点	链接伪类
推荐教学方式	讲授、项目教学、案例教学、问题导向或讨论、分工合作
推荐学时	6 学时
推荐学习方法	多动手实践，会应用 CSS3 选择器美化页面

任务 4.1 CSS3 新增选择器——航展区地图

📖 任务描述

运用 CSS3 新增选择器对 index.html 页面进行设置，最后效果如图 4-1 所示。
（1）index.html 页面的"展区地图"和"合作团体"文字前面和后面添加蓝色分隔线。

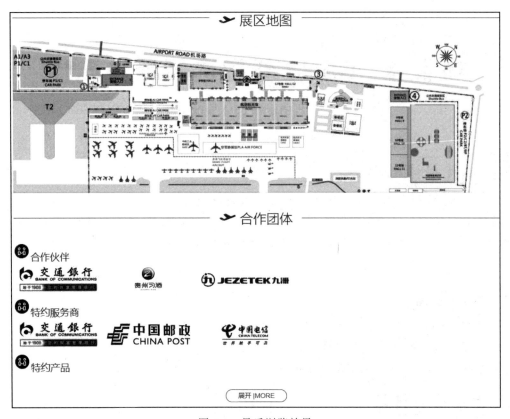

图 4-1　最后浏览效果

（2）光标移动到 index.html 页面的"展开|MORE"文字上面时，文字颜色和边框颜色均设置为黄色，文字不添加修饰。

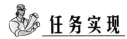 任务实现

1. "展区地图"和"合作团体"文字前后蓝色分隔线的设置

（1）在 index.html 页面添加相关元素 h1，其内容分别设置为"展区地图"和"合作团体"，h1 元素的 class 名称均设置为 sectiontitle。代码如下：

任务 4.1　CSS3 新增选择器—航展区地图.mp4

```
<h1 class="sectiontitle"><span class="iconfont icon-plane1" style="font-size: 1.3em;"></span>展区地图</h1>
<h1 class="sectiontitle"><span class="iconfont icon-plane1" style="font-size: 1.3em;"></span>合作团体</h1>
```

（2）建立名称为 comm.css 的 CSS 文件并设置到 index.html 文件中。

（3）在 comm.css 文件中使用伪元素 before 和 after 在上述文字的前后设置分隔线。关键代码为"border-top：1px solid ♯3786C8；"。

具体 CSS 代码图 4-2 所示。

2. 光标移至"展开|MORE"文字后使其颜色改变的设置

（1）在 index.html 页面添加元素，设置按钮样式 more，设置文字为"展开|MORE"。代

项目 4　CSS3新增选择器和属性

```
sectiontitle {
    color: #3786C8;
    font-size: 28px;
    font-weight: lighter;
    text-align: center;
    position: relative;
    line-height: 28px;
    margin: 30px;
}

sectiontitle::before {
    content: "";
    display: block;
    border-top: 1px solid #3786C8;
    width: 43%;
    position: absolute;
    top: 15px;
    left: -30px;
}

sectiontitle::after {
    content: "";
    display: block;
    border-top: 1px solid #3786C8;
    width: 43%;
    position: absolute;
    top: 15px;
    right: -30px;
}
```

图 4-2　h1元素的文字前面和后面均插入分隔代码

码如下：

```
more {
    display: block;
    width: 100px;
    padding: 0px 15px;
    border: 1px solid # 3786C8;
    border-radius: 15px;
    text-align: center;
    line-height: 25px;
    color: # 3786C8;
    font-size: 14px;
    margin: 30px auto;
    transition: all 0.2s;
    outline: none;
}
< button class= "more" style= "clear: both; width: 130px; background- color: transparent;">展开 |MORE</button>
```

（2）在comm.css文件中，当光标移动到"展开|MORE"文字上时，使用伪类选择器对其进行改变颜色的设置，具体代码如图4-3所示。

```
more:hover {
    border-color: #FFB800;
    color: #FFB800;
    text-decoration: none;
}
```

图 4-3　光标移动到文本"展开|MORE"上时其颜色改变的设置代码

最终页面效果如图4-1所示。

相关知识与技能

1. 后代选择器

后代选择器又称包含选择器。后代选择器可以选择作为某元素后代的元素。我们可以定义后代选择器来创建一些规则，使这些规则在某些文档结构中起作用，而在另外一些结构中不起作用。

73

举例来说，如果只对 h1 元素中的 em 元素应用样式，代码如下：

```
h1 em {color:red;}
```

上面这个规则会把作为 h1 元素后代的 em 元素的文本变为红色。其他 em 文本（如段落或块引用中的 em）则不会被这个规则选中，最终代码及效果如图 4-4 所示。

任务 4.1 CSS3 新增选择器——相关知识与技能 1.mp4

```
<html>
<head>
<style type="text/css">
h1 em {color:red;}
</style>
</head>

<body>
<h1>This is a <em>important</em> heading</h1>
<p>This is a <em>important</em> paragraph.</p>
</body>
</html>
```

This is a *imporant*

This is a *imporant* Faragraph.

图 4-4　后代选择器代码及效果

2. 子元素选择器

与后代选择器相比，子元素选择器只能选择某元素的子元素。如果不希望选择任意的后代元素，而是希望缩小范围，只选择某个元素的子元素，可使用子元素选择器。

例如，如果希望只选择 h1 元素的子元素 strong，代码如下：

```
h1 > strong {color:red;}
```

这个规则会把第一个 h1 下面的两个 strong 元素变为红色，但是第二个 h1 中的 strong 不受影响，最终代码及效果如图 4-5 所示。

```
<!DOCTYPE HTML>
<html>
<head>
<style type="text/css">
h1 > strong {color:red;}
</style>
</head>

<body>
<h1>This is <strong>very</strong> <strong>very</strong> important.</h1>
<h1>This is <em>really <strong>very</strong></em> important.</h1>
</body>
</html>
```

This is very very imporant

This is *really very* imporant

图 4-5　子元素选择器代码及效果

3. 伪类选择器

伪类用于定义元素的特殊状态。伪类选择器可以用于设置鼠标光标悬停在元素上时的样式，为已访问和未访问链接设置不同的样式，设置元素获得焦点时的样式。

任务 4.1 CSS3 新增选择器——相关知识与技能——伪类选择器.mp4

例如，对一个超链接在访问前、访问后、鼠标光标悬停、已选择等状态设置不同的颜色，最终代码及效果如图 4-6 所示。

nth-child(n) 选择器是伪类选择器的一种，它可以匹配父元素中的第 n 个子元素，元素类型没有限制。n 可以是一个数字、一个关键字或一个公式。

例如，奇数和偶数可以作为关键字用于相匹配的子元素，其索引是奇数或偶数（该索引

```html
<!DOCTYPE html>
<html>
<head>
<style>
/* unvisited link */
a:link {
  color: red;
}

/* visited link */
a:visited {
  color: green;
}

/* mouse over link */
a:hover {
  color: hotpink;
}

/* selected link */
a:active {
  color: blue;
}
</style>
</head>
<body>

<h1>CSS 链接</h1>
<p><b><a href="/index.html" target="_blank">这是一个链接</a></b></p>
<p><b>注释：</b>在 CSS 定义中，a:hover 必须位于 a:link 和 a:visited 之后才能生效。</p>
<p><b>注释：</b>在 CSS 定义中，a:active 必须位于 a:hover 之后才能生效。</p>

</body>
</html>
```

CSS链接

这是一个链接

注释： 在CSS定义中，a:hover必须位于a:link和a:visited之后才能生效。

注释： 在CSS定义中，a:active必须位于a:hover之后才能生效。

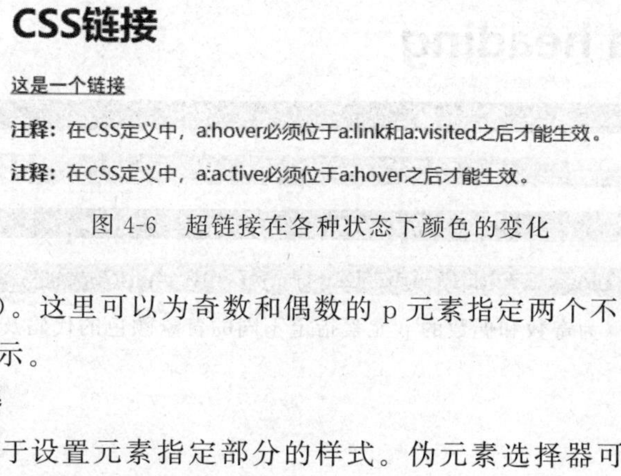

图 4-6　超链接在各种状态下颜色的变化

的第一个子节点是 1）。这里可以为奇数和偶数的 p 元素指定两个不同的背景颜色，具体代码和效果如图 4-7 所示。

4. 伪元素选择器

CSS 的伪元素用于设置元素指定部分的样式。伪元素选择器可用于设置元素的首字母、首行的样式等。伪元素选择器的语法如下：

```
selector::pseudo-element {
    property: value;
}
```

例如，在一个 h1 元素文字部分的前面和后面分别插入一张图片，参考代码及效果如图 4-8 所示。

```html
<!DOCTYPE html>
<html>
<head>
<meta charset="utf-8">
<title>nth-child()使用</title>
<style>
p:nth-child(odd)
{
    background: #f00000;
}
p:nth-child(even)
{
    background: #0000ff;
}
</style>
</head>
<body>

<h1>This is a heading</h1>
<p>The first paragraph.</p>
<p>The second paragraph.</p>
<p>The third paragraph.</p>

<p><b>注意:</b> Internet Explorer 8 and以及更早版本的浏览器 :nth-child()选择器.</p>

</body>
</html>
```

This is a heading

The first paragraph.

The second paragraph.

The third paragraph.

注意: Internet Explorer 8 and以及更早版本的浏览器 :nth-child()选择器.

图 4-7　为奇数和偶数的 p 元素指定不同的背景颜色的代码及效果

```html
<!DOCTYPE html>
<html>
<head>
<style>
h1::before {
  content: url(/i/photo/smile.gif);
}
h1::after {
  content: url(/i/photo/smile.gif);
}
</style>
</head>
<body>

<h1>这是一个标题</h1>

<p>::before 元素前面插入一张图片，::after 元素后面也插入一张图片</p>

</body>
</html>
```

::before 元素前面插入一张图片；::after 元素后面也插入一张图片

图 4-8　h1 元素的文字前面和后面分别插入图片的代码及效果图

任务 4.2　CSS3 新增属性——航展飞行表演

任务描述

使用 CSS 新增属性对航展飞行表演页面（perform.html）中的元素进行边框（圆角边框、边框阴影）、背景（背景图片、背景尺寸、背景颜色等）、文本、变形的设置，最后效果如图 4-9 所示。

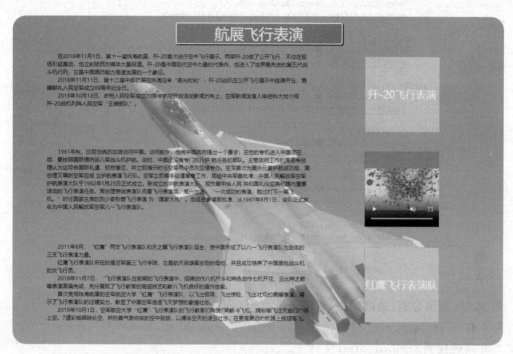

图 4-9　最后浏览效果

任务 4.2　CSS3 新增属性—航展飞行表演.mp4

任务实现

1. 修改 perform.html 页面的初识状态

1）颜色设置

在 perform.html 页面中，对飞行表演界面右边三个表演立方体每个面的初始状态的颜色和位置进行不同的设置，第一个面设置为立方体的上表面，颜色为红色；第二个面设置为立方体的下表面，颜色为绿色；第三个面设置为立方体的右表面，颜色为紫色；第四个面设置为立方体的左表面，颜色为蓝色；第五个面设置为立方体的后表面，颜色为深红色；第六个面设置为立方体的前表面，颜色为黄色。

2）美化 perform.html 页面

为页面创建 CSS 文件 perform.css 并保存到 assets/css/ 文件夹下，在 perform.css 中使用伪类选择器中的 nth-child(n) 对三个表演立方体初始状态进行设置，将第一个 li 设置为红色,让它绕 X 轴旋转 90°,同时沿 Z 轴移动 100px;将第二个 li 设置为绿色,让它绕 X 轴旋转 270°,同时沿 Z 轴移动 100px;将第三个 li 设置为紫色,让它绕 Y 轴旋转 90°,同时沿 Z 轴移动 100px;将第四个 li 设置为蓝色,让它绕 Y 轴旋转 270°,同时沿 Z 轴移动 100px;将第五个 li 设置为深红色,让它沿 Z 轴移动-100px;将第六个 li 设置为黄色,让它沿 Z 轴移动 100px。具体代码如图 4-10 所示。

```css
/* 3D变形 */
li:nth-child(1) {
    background-color: rgba(255, 0, 0, 1);
    -webkit-transform: rotateX(90deg) translateZ(100px);
}
li:nth-child(2) {
    background-color: rgba(0, 255, 255, 1);
    -webkit-transform: rotateX(270deg) translateZ(100px);
}
li:nth-child(3) {
    background-color: rgba(255, 0, 255, 1);
    -webkit-transform: rotateY(90deg) translateZ(100px);
}
li:nth-child(4) {
    background-color: rgba(5, 65, 187, 1);
    -webkit-transform: rotateY(270deg) translateZ(100px);
}
li:nth-child(5) {
    background-color: rgba(204, 22, 21, 1);
    -webkit-transform: translateZ(-100px);
}
li:nth-child(6) {
    background-color: rgba(255, 191, 60, 1);
    -webkit-transform: translateZ(100px);
}
.redhawk ul li:nth-child(1) {
    -webkit-transform: rotateX(90deg) rotateZ(-90deg) translateZ(100px);
}
```

图 4-10　三个表演立方体初始状态设置代码

2. 边框(圆角边框、边框阴影)设置

(1) 打开 perform.css 文件,使用<link rel="stylesheet" href="assets/css/perform.css">方式链接到 perform.html 文件中。

(2) 对 body 的最外层 div(class="out-wrapper")中做如下 CSS 设置:

```css
.out-wrapper{
    padding: 0;
    position: relative;
    border: 5px #fff solid;
    border-radius: 45px;
    box-shadow: 5px 5px rgb(0, 225, 255);
}
```

其中,"border:5px #fff solid;"表示设置边框宽度(上、下、左、右)为 5px,颜色为#fff(白色),线条为 solid(实线);"border-radius:45px;"表示设置边框半径(上、下、左、右)为 45px;"box-shadow:5px 5px rgb(0,225,255);"表示设置元素阴影水平宽度为 5px,垂直宽度为 5px,颜色为 rgb(0,225,255)。

(3) 对网页最上方标题"航展飞行表演"(放在一个 div 里面)做如下 CSS 设置:

```css
.title{
    width: 500px;
    font-size: 45px;
    margin: 0 auto;
    text-align: center;
    background-color: rgb(56, 142, 255);
    color: rgb(251, 255, 0);
    border: 3px #fff solid;
    border-radius: 5px;
    box-shadow: 2px 2px #000;
    position: relative;
}
```

其中,"border：3px ♯fff solid;"表示设置边框宽度(上、下、左、右)为3px,颜色为♯fff(白色),线条为solid(实线);"border-radius：5px;"表示设置边框半径(上、下、左、右)为5px;"box-shadow：2px 2px ♯000;"表示设置元素阴影水平宽度为2px,垂直宽度为2px,颜色为♯000。

3. 网页元素背景设置

(1) 准备网页背景图片 J-20.jpg 并保存到 img 文件夹,该图片宽为 2560 像素,高为 1706 像素。

(2) 在 perform.css 中对 div(class="out-wrapper")做如下 CSS 设置:

```css
.in-wrapper:before{
    content:"";
    background-image:url(../img/J-20.jpg);
    opacity:0.5;
    z-index:-2;
    background-size:1500px 1200px;
    width:1500px;
    height:1000px;
    position:absolute;
    top:0px;
    left:0px;
    border-radius:40px;
}
```

其中,"background-image:url(../img/J-20.jpg);"表示该 div 的背景图片为 img 文件夹下的 J-20.jpg 图片;"background-size：1500px 1200px;"表示背景图片尺寸设置宽度为 1500px,高度为 1000px。

(3) 在标题"航展飞行表演"的 CSS 中修饰语句"background-color：rgb(56, 142, 255);",表示对该元素设置背景颜色为 rgb(56,142,255)。

4. 网页中文本的设置

在 CSS 中对所有段落进行如下设置:

```css
p{
```

```
text-overflow: ellipsis;
word-break: break-word;
word-wrap: break-word;
}
```

其中,"text-overflow:ellipsis;"表示文本超出元素容纳宽度用"…"代替;"word-break:break-word;"表示规定自动换行的处理方法;"word-wrap:break-word;"表示允许长单词换行到下一行。

5. 网页中变形的设置

(1) 网页中三个变形区域的布局。

布局一:

```
<div class="j-20">
    <ul>
      <li></li>
      <li></li>
      <li><video src="assets/video/歼-20.mp4" style="width: 200px; height: 200px;" controls muted disablePictureInPicture></video></li>
      <li></li>
      <li></li>
      <li>歼-20飞行表演</li>
    </ul>
</div>
```

布局二:

```
<div class="eightone">
    <ul>
      <li><video src="assets/video/八一.mp4" style="width: 200px; height: 200px;" controls muted disablePictureInPicture></video></li>
      <li>八一飞行表演队</li>
    </ul>
</div>
```

布局三:

```
<div class="redhawk">
    <ul>
      <li><video src="assets/video/红鹰.mp4" style="width: 200px; height: 200px;" controls muted disablePictureInPicture></video></li>
      <li>红鹰飞行表演队</li>
    </ul>
</div>
```

以上三种布局均设置了一个无序列表 ul,里面有 6 个列表项 li,所有标题均放在最后一个列表项中。布局一的视频放在列表项 3 中,布局 2 和布局 3 的视频放在列表项 1 中。

(2) 在 CSS 中添加如下代码,进行如下 ul 列表的初始化设置:

```
/* 3D变形 */
```

```
li:nth-child(1){
    background-color: rgba(255, 0, 0, 1);        //红色
    -webkit-transform: rotateX(90deg) translateZ(100px);
}
li:nth-child(2){
    background-color: rgba(0, 255, 255, 1);      //绿色
    -webkit-transform: rotateX(270deg) translateZ(100px);
}
li:nth-child(3){
    background-color: rgba(255, 0, 255, 1);      //紫色
    -webkit-transform: rotateY(90deg) translateZ(100px);
}
li:nth-child(4){
    background-color: rgba(5, 65, 187, 1);       //蓝色
    -webkit-transform: rotateY(270deg) translateZ(100px);
}
li:nth-child(5){
    background-color: rgba(204, 22, 21, 1);      //深黄
    -webkit-transform: translateZ(-100px);
}
li:nth-child(6){
    background-color: rgba(255, 191, 60, 1);     //浅黄
    -webkit-transform: translateZ(100px);
}
.redhawk ul li:nth-child(1){
    -webkit-transform: rotateX(90deg) rotateZ(-90deg) translateZ(100px);
}
```

以上代码含义如下：在 perform.html 页面中创建的 3 个 ul 中的 6 个 li 由平面排列变为立体排列：第一个 li 绕 X 轴旋转 90°，同时向 Z 轴方向移动 100px，其位置移动到了上面；第二个 li 绕 X 轴旋转 270°，同时向 Z 轴方向移动 100px，其位置移动到了下面；第三个 li 绕 Y 轴旋转 90°，同时向 Z 轴方向移动 100px，其位置移动到了右面；第四个 li 绕 Y 轴旋转 270°，同时向 Z 轴方向移动 100px，其位置移动到了左面；第五个 li 向 Z 轴方向移动 −100px，其位置移动到了后面；第六个 li 向 Z 轴方向移动 100px，其位置移动到了前面，效果如图 4-11 所示。

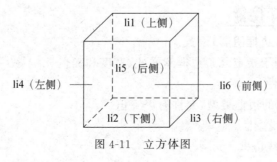

图 4-11 立方体图

这样可以保证在初始状态时显示标题的 li 朝向最前方,如图 4-12 所示。

在 CSS 中继续添加如下代码,当光标移动到 ul 列表区域后,ul 朝向最前方 li 的设置如图 4-13 所示。

```
.j-20 ul:hover { transform: rotateY(-90deg);}
.eightone ul:hover { transform: rotateX(-90deg);}
.redhawk ul:hover {
  transform: rotateX(-90deg) rotateY(-90deg);
}
```

图 4-12 立方体最初状态　　　　图 4-13 列表 CSS 样式

以上代码表示在光标移动到第一块区域时,该 ul 整体向 Y 轴转动－90°;当光标移动到第二块区域时,该 ul 整体向 X 轴转动－90°;当光标移动到第三块区域时,该 ul 整体向 X 轴转动－90°,同时向 Y 轴转动－90°。最终效果如图 4-14 所示。

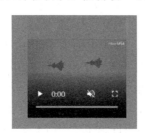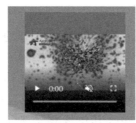

图 4-14 立方体图转换到播放界面后的效果

相关知识与技能

1. 边框(圆角边框、边框阴影)设置

CSS border 属性用于指定元素边框的样式、宽度和颜色。

1) border-style 属性

该属性指定要显示的边框类型,允许有以下值。

➢ dotted:定义点线边框。

➢ dashed:定义虚线边框。

➢ solid:定义实线边框。

- double：定义双边框。
- groove：定义 3D 坡口边框。效果取决于 border-color 值。
- ridge：定义 3D 脊线边框。效果取决于 border-color 值。
- inset：定义 3D inset 边框。效果取决于 border-color 值。
- outset：定义 3D outset 边框。效果取决于 border-color 值。
- none：定义无边框。
- hidden：定义隐藏边框。
- border-style 属性可以设置 1~4 个值（用于上边框、右边框、下边框和左边框）。给段落分别设置上述边框属性，代码及最终效果如图 4-15 所示。

```
p.dotted {border-style: dotted;}
p.dashed {border-style: dashed;}
p.solid {border-style: solid;}
p.double {border-style: double;}
p.groove {border-style: groove;}
p.ridge {border-style: ridge;}
p.inset {border-style: inset;}
p.outset {border-style: outset;}
p.none {border-style: none;}
p.hidden {border-style: hidden;}
p.mix {border-style: dotted dashed solid double;}
```

点状边框。

虚线边框。

实线边框。

双线边框。

凹槽边框。

垄状边框。

3D 内部边框。

3D 外部边框。

无边框。

隐藏边框。

混合边框。

图 4-15 段落边框设置代码及效果

2）border-radius 属性

该属性可以实现任何元素的"圆角"样式，它可以接受 1~4 个值。规则如下。

4 个值时代码为"border-radius：15px 50px 30px 5px;"。4 个值依次用于边框的左上角、右上角、右下角、左下角。

3 个值时代码为"border-radius：15px 50px 30px;"。第一个值用于边框的左上角，第二个值用于边框的右上角和左下角，第三个用于边框的右下角。

2 个值时代码为"border-radius：15px 50px;"。第一个值用于边框的左上角和右下角，第二个值用于边框的右上角和左下角。

1 个值时代码为"border-radius：15px;"。该值用于边框的所有的 4 个角，圆角都是一样的。

给段落分别设置上述圆角边框属性后,代码及最终效果如图 4-16 所示。

```
#rcorners1 {
  border-radius: 15px 50px 30px 5px;
  background: #73AD21;
  padding: 20px;
  width: 200px;
  height: 150px;
}

#rcorners2 {
  border-radius: 15px 50px 30px;
  background: #73AD21;
  padding: 20px;
  width: 200px;
  height: 150px;
}

#rcorners3 {
  border-radius: 15px 50px;
  background: #73AD21;
  padding: 20px;
  width: 200px;
  height: 150px;
}

#rcorners4 {
  border-radius: 15px;
  background: #73AD21;
  padding: 20px;
  width: 200px;
  height: 150px;
}
```

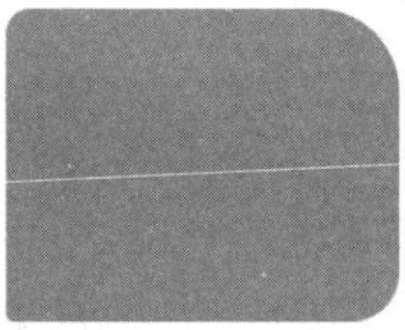

(a) 4个值:border-radius为15px、50px、30px、5px:

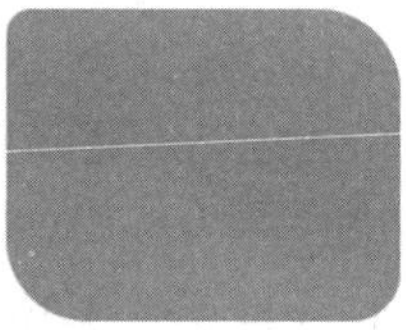

(b) 3个值:border-radius为15px、50px、30px

(c) 2个值:border-radius为15px、50px

(d) 1个值:border-radius为15px

图 4-16 圆角边框设置代码及效果

3) text-shadow 属性

该属性为文本添加阴影。最简单的用法是只指定水平阴影和垂直阴影。给标题设置阴影的代码及效果如图 4-17 所示。

4) box-shadow 属性

该属性将阴影应用于元素。最简单的用法是只指定水平阴影和垂直阴影,给元素(如div)设置阴影效果,代码及最终效果如图 4-18 所示。

```
div {
  width: 300px;
  height: 100px;
  padding: 15px;
  background-color: yellow;
  box-shadow: 10px 10px;
}
```

```
h1 {
  text-shadow: 2px 2px;
}
```

文本阴影效果!

已设置 box-shadow 的 div 元素

图 4-17 文本添加阴影时的代码及效果

图 4-18 用 div 添加阴影效果

2. 背景(背景图片、背景尺寸、背景颜色等)设置

CSS 设置和背景有关的属性均以 background 属性为基础,比如,设置背景图片使用 background-image 属性,设置背景尺寸使用 background-size 属性,设置背景颜色使用

background-color 属性。如要给一个 id 值为 example1 的段落设置 flower.gif 的背景图,并把背景图大小设置为 100px×80px,代码及效果如图 4-19 所示。

```
#example1 {
  border: 1px solid black;
  background: url(/i/photo/flower.gif);
  background-size: 100px 80px;
  background-repeat: no-repeat;
  padding: 15px;
}
```

Welcome to Shanghai

Shanghai is one of the four direct-administered municipalities of the People's Republic of China. Welcome to Shanghai!

The city is located on the southern estuary of the Yangtze, with the Huangpu River flowing through it.

图 4-19 设置背景样式

3. 文本的设置

CSS 的 text-overflow 属性规定应如何向用户呈现未显示的溢出内容,可能被裁减,也可能呈现省略号的样式。如给一个 class 为 test1 的段落设置为溢出内容被裁减,给一个 class 为 test2 的段落设置为溢出内容用省略号代替,代码及效果如图 4-20 所示。

```
p.test1 {
  white-space: nowrap;
  width: 200px;
  border: 1px solid #000000;
  overflow: hidden;
  text-overflow: clip;
}
p.test2 {
  white-space: nowrap;
  width: 200px;
  border: 1px solid #000000;
  overflow: hidden;
  text-overflow: ellipsis;
}
```

text-overflow: clip:

这里有一些无法容纳在框中的

text-overflow: ellipsis:

这里有一些无法容纳在框…

图 4-20 滤镜设置

➢ clip:该属性值表示修剪文本。
➢ ellipsis:该属性值表示用省略符号来代表被修剪的文本。

4. 变形的设置

使用 CSS 可以进行图形的 2D 转换和 3D 转换。

CSS 的 2D 转换用到的属性是 transforms,使用这个属性允许对图形进行移动、旋转、缩放和倾斜。使用 transform 属性时,可以结合以下 2D 转换方法。

➢ translate():从当前位置移动元素(根据 X 轴和 Y 轴值)。
➢ rotate():根据给定的角度顺时针或逆时针旋转元素。

任务 4.2 CSS3 新增属性—知识与技能—变形.mp4

- scaleX()：增加或减少元素的宽度。
- scaleY()：增加或减少元素的高度。
- scale()：增加或减少元素的大小(根据给定的宽度和高度值)。
- skewX()：使元素沿 X 轴倾斜指定角度。
- skewY()：使元素沿 Y 轴倾斜指定角度。
- skew()：使元素沿 X 和 Y 轴倾斜指定角度。
- matrix()：把所有 2D 变换方法组合为一个，可接受 6 个参数，参数可以为数学函数。这些参数可用来旋转、缩放、移动(平移)和倾斜元素。比如，matrix(scaleX(),skewY(),skewX(),scaleY(),translateX(),translateY())可以实现最简单的内容平移，让一个 div 向右移动 50px，向下移动 100px。代码和效果(移动前和移动后)如图 4-21 所示。

```
div {
    width: 300px;
    height: 100px;
    background-color: yellow;
    border: 1px solid black;
    -ms-transform: translate(50px,100px); /* IE 9 */
    transform: translate(50px,100px); /* 标准语法 */
}
```

(a) 代码

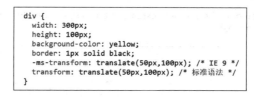

(b) 移动前的位置　　　　(c) 移动后的位置

图 4-21　代码及移动前后的效果

通过 CSS 的 transform 属性进行的元素 3D 转换包括左右、上下、前后各方向的转换，其主要转换方法如下。

- rotateX()：使元素绕其 X 轴旋转指定角度。
- rotateY()：使元素绕其 Y 轴旋转指定角度。
- rotateZ()：使元素绕其 Z 轴旋转指定角度。

比如，div 分别沿 X、Y、Z 轴进行 3D 移动的效果如图 4-22 所示。

图 4-22　div 分别沿 X、Y、Z 轴进行 3D 移动的效果

学习任务工单

课前学习	课中学习	课后拓展学习
(1) 完成微课视频和课件的学习。 (2) 发帖讨论：CSS3 新增了哪些选择器和属性？它们在当前主流网站中的应用情况如何？ (3) 完成单元测试	(1) 运用 CSS3 新增的选择器完成"航展区地图"的设置。 (2) 运用 CSS3 新增的属性完成"航展飞行表演"页面的美化	(1) 完成"Web 前端技术列表"页面并上传至超星平台。 (2) 将学习中遇到的问题发布在超星平台

小结

本项目主要介绍了 CSS3 新增选择器（属性选择器、关系选择器、结构化伪类选择器和伪元素选择器）的使用方法和 CSS3 新增属性（边框、背景、文本和变形）的应用等。

通过本项目的学习，读者应能运用 CSS3 新增选择器和属性美化页面。

思政一刻：致敬新中国航空事业发展 70 周年

通过"航展区地图"和"航展飞行表演"的学习，为学生讲解航展中我国航空事业的发展，激发学生的爱国情感，树立民族自豪感。

新中国航空事业在中国共产党的英明领导下砥砺奋进，70 年来从无到有，从小到大，从弱到强，通过一代代人的不懈努力和艰苦奋斗，实现了历史性跨越：我国航空装备已经实现了从第一代到第四代、从机械化到信息化、从陆基到海基、从中小型到大中型、从有人到无人的跨越，实现了对世界强者从望尘莫及到同台竞技的跨越，实现了我国民机产业从蹒跚起步到振翅欲飞的跨越，实现了航空科技研发从亦步亦趋到自主创新的跨越。

课后练习

一、单选题

1. 在 CSS3 中，(   )选择器用于为父元素中的第一个子元素设置样式。
   A. :last-child   B. :first-child   C. :not   D. :nth-child(*n*)

2. 在 CSS3 中，(   )选择器主要用来选择某个元素的第一级子元素。
   A. 子代   B. 兄弟   C. 属性   D. 伪类

3. 在 HTML 文档中，结构化伪类选择器 :root 匹配的根元素是(   )。
   A. <body>   B. <head>   C. <html>   D. <title>

4. 下列关于伪元素选择器的说法正确的是(   )。
   A. CSS 中常用的伪元素选择器仅有 :before 伪元素选择器
   B. CSS 中常用的伪元素选择器仅有 :after 伪元素选择器
   C. 伪元素中的 content 属性用来指定要插入的具体内容，有时候可以省略
   D. 伪元素中的 content 属性用来指定要插入的具体内容，不能省略

5. 以下属于目标选择器的是（　　）。

    A. empty　　　　　B. target　　　　　C. nth-of-type()　　　　D. only-child

二、操作题

1. 参照任务 4.1 和任务 4.2 练习新增 CSS 选择器和属性的应用。
2. 使用 CSS3 新增选择器完成如图 4-23 所示的页面。

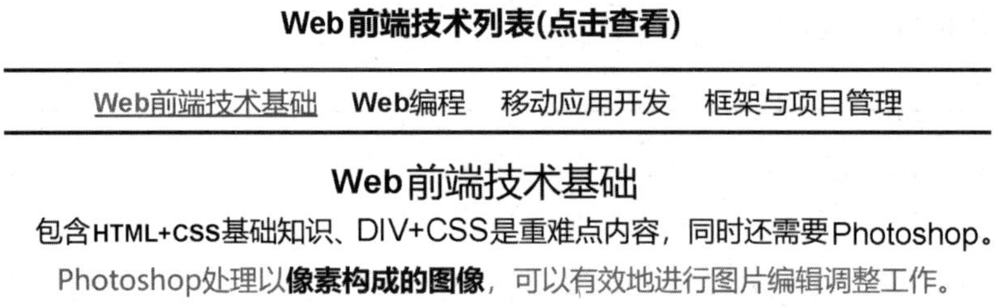

Web前端技术列表(点击查看)

<u>Web前端技术基础</u>　　Web编程　　移动应用开发　　框架与项目管理

Web前端技术基础

包含HTML+CSS基础知识、DIV+CSS是重难点内容，同时还需要Photoshop。
Photoshop处理以**像素构成的图像**，可以有效地进行图片编辑调整工作。

图 4-23　CSS3 新增选择器应用

要求：

（1）导航部分使用超链接，光标移动到上面则超链接变红，并显示下画线。

（2）单击超链接后，下面出现对应的内容介绍。

（3）尽量使用 CSS3 新增的选择器选择元素，不要使用 id、class 等。

提示：

（1）使用锚点超链接，将软件介绍部分的 display 属性设为 none，再将 target 属性值设为 block。

（2）链接的字体颜色为♯5E2D00，第 2 行第 4 行的字体颜色为♯BDA793。

项目5 盒子模型

 项目描述

本项目主要通过使用盒子模型的相关属性完成航空航天网逐梦航天模块下的航天故事页面,让大家对盒子模型的边框属性、内边距属性和外边距属性有全面的认识。页面效果如图 5-1 所示。

项目5 任务实现.mp4

图 5-1 航天故事页面

 知识目标

➢ 理解盒子模型的组成
➢ 理解内边距的作用以及对盒子的影响
➢ 掌握盒子模型居中对齐的两个条件

职业能力目标

➢ 能利用边框复合写法给元素添加边框
➢ 能计算盒子的实际大小,能利用盒子模型布局项目案例

教学导航

教学重点	（1）边框属性、内边距属性、外边距属性、背景属性、圆角、阴影等； （2）<div>标签、<span>标签、元素类型的转换
教学难点	背景属性、圆角、阴影、元素类型的转换
推荐教学方式	讲授、项目教学、案例教学、问题导向或讨论、分工合作
推荐学时	10学时
推荐学习方法	多动手实践，认识各类网站中的盒子模型

任务 5.1　认识盒子模型

任务 5.1　认识盒子模型.mp4

 **任务描述**

网页布局：利用 CSS 设置好盒子的大小，然后摆放盒子的位置，把网页元素比如文字图片等放入盒子里面。

盒子模型：就是把 HTML 页面中的布局元素看作是一个矩形的盒子，也就是一个装内容的容器。

 任务实现

通过浏览各电商网站观察盒子模型的应用。

 相关知识与技能

1. 网页布局的本质

在浏览网站时，我们会发现页面的内容都是按照区域划分的。如图 5-2 所示为电商类网站，在这个电商平台页面中，每一块区域分别承载不同的内容，网页的内容虽然看起来零散，但是在版式排列上依然清晰有条理。

作为前端开发人员，在网页布局中，如何把里面的文字、图片等按照设计师提供的效果图排列整齐呢？首先，利用前面学过的 CSS 样式设置盒子的大小，再将盒子放在合适的位置，最后把网页元素（如文字图片等）放入盒子里面。

2. 盒子模型

在图 5-2 所示的网站页面中，这些承载内容的区域被称为盒子模型。在 CSS 中，盒子模型（box model）这一术语在设计和布局时使用。CSS 盒子模型本质上是一个盒子，封装周围的 HTML 元素，它包括内边距（padding）、边框（border）、外边距（margin）和内容区域。盒子模型允许我们在其他元素和周围元素边框之间的空间放置元素。

为了更形象地认识盒子模型，首先从生活中我们常见的手机盒子的构成说起，如图 5-3 所示。一个完整的手机盒子通常包含手机、填充泡沫和装手机的纸盒。如果把手机想象成 HTML 元素，那么手机盒子就是一个 CSS 盒子模型，其中手机实物为 CSS 盒子的内容，填

项目 5　盒子模型

图 5-2　电商网站页面

充泡沫的厚度为 CSS 盒子模型的内边距,纸盒的厚度为 CSS 盒子模型的边框。当有多个手机盒子时,盒子与盒子的距离就是 CSS 盒子模型的外边距。

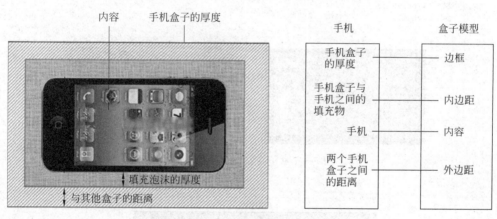

图 5-3　手机盒子的构成

下面通过一个具体的案例来认识到底什么是盒子模型。

新建一个 HTML 页面,并在页面中添加两个 div 标签,然后通过盒子的相关属性进行控制,代码及效果如图 5-4 所示。

从上面的例子我们可以发现,两个盒子设置了不同的内边距和边框颜色,两个手机盒子之间有了外边距。

网页中的所有元素和对象都是由图 5-5 所示的基本结构组成,并呈现出矩形的盒子效果。其中内边距(padding)出现在内容区域的周围,即盒子内容与边框的距离。当给元素添加背景颜色或者背景图像时,该元素的背景颜色或者背景图像也将出现在内边距中。外边距是该元素与相邻元素之间的距离,即盒子与盒子之间的距离。如果给边框定义边框属性,边框出现在内外边距之间,即盒子的厚度。盒子里面的文字和图片等元素是内容区域。

91

```html
1  <!DOCTYPE html>
2  <html lang="en">
3  <head>
4      <meta charset="UTF-8">
5      <meta http-equiv="X-UA-Compatible" content="IE=edge">
6      <meta name="viewport" content="width=device-width, initial-scale=1.0">
7      <title>Document</title>
8      <style>
9          .box1,
10         .box2 {
11             width: 200px; /* 盒子的宽度 */
12             height: 100px;/* 盒子的高度 */
13             background-color: red;/* 盒子的背景颜色 */
14             border: 15px solid blue; /* 盒子的边框 */
15             padding: 10px;/* 盒子的内边距 */
16             margin: 10px;/* 盒子的外边距 */
17         }
18         .box2 {
19             background-color: green; /* 第二个盒子的背景颜色 */
20             border: 15px solid orange; /* 第二个盒子的边框 */
21             padding: 20px; /* 第二个盒子的内边距 */
22         }
23     </style>
24 </head>
25 <body>
26     <div class="box1">手机1</div>
27     <div class="box2">手机2</div>
28 </body>
29 </html>
```

 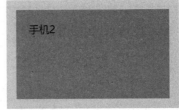

图 5-4　盒子在浏览器中的效果

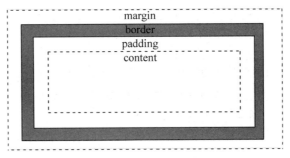

图 5-5　盒子的模型结构

3. 盒子的宽与高

网页是由多个盒子排列而成的，每个盒子都有固定的大小，在 CSS 中使用宽度属性 width 和高度属性 height 可以对盒子的大小进行控制。width 和 height 的属性值可以为不同单位的数值或相对于父元素的百分比，实际中最常用的是像素值。

任务 5.2　盒子模型相关属性

任务描述

边框属性：包括边框样式属性、边框宽度属性、边框颜色属性及边框的综合属性。

内边距属性：元素的内边距在边框和内容区之间，控制该区域最简单的方法是用 padding 属性，它是上内边距、右内边距、下内边距、左内边距及内边距的综合写法。

外边距属性：围绕在元素边框的空白区域是外边距，设置外边距会在元素外创建额外的"空白"，设置外边距最简单的方法是用 margin 属性，它是上外边距、右外边距、下外边距、左外边距及外边距的综合写法。

任务实现

实现如图 5-6 所示爱宠知识效果，盒子在页面居中对齐，上下外边距为 20px，盒子宽度为 240px。

图 5-6　爱宠知识效果

1. HTML 代码

代码如下：

```
<div class="news">
<h1>爱宠知识</h1>
<ul>
    <li><a href="#">养狗比养猫对健康更有利</a></li>
    <li><a href="#">日本正宗柴犬亮相,你怎么看柴犬</a></li>
    <li><a href="#">狗狗歌曲《新年旺旺》</a></li>
    <li><a href="#">带宠兜风,开车带宠需要注意什么?</a></li>
    <li><a href="#">【爆笑】这狗狗太不给力了</a></li>
    <li><a href="#">狗狗与男童相同着装拍有爱造型照</a></li>
```

```
        <li><a href="#">狗狗各个阶段健康大事件</a></li>
        <li><a href="#">调皮宠物狗陷在沙发里的搞笑瞬间</a></li>
        <li class="none"><a href="#">为什么每次大小便后,会用脚踢土?</a></li>
</ul>
</div>
```

保存代码并运行,效果如图5-7所示。

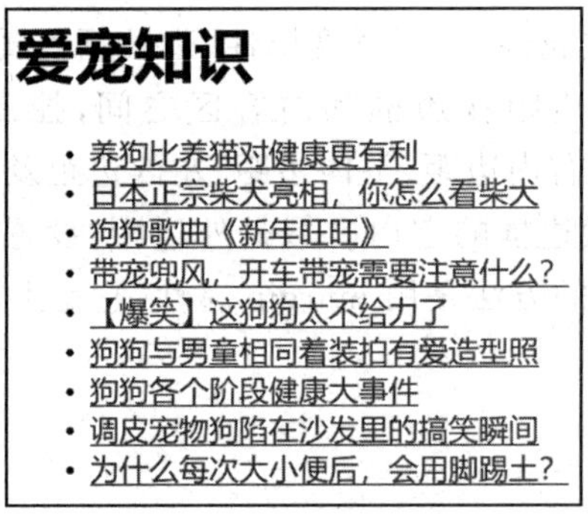

图 5-7 爱宠知识初始效果

2. CSS 代码

利用盒子模型优化界面,代码如下:

```
.news{
    width:240px;
    border:#009900 solid 1px;
    background:url(images/bg.gif) center;
    padding:10px;
    margin:20px auto;
    }
.news h1{
    font-family:黑体;
    color:#FFF;
    font-size:20px;
    border-left:#c9e143 solid 4px;
    padding-left:5px;
    }
.news ul{
    background:#FFF;
    margin-top:5px;
    padding:0 10px;
    }
.news li{
    border-bottom:#666 dashed 1px;
    list-style:none;
    background:url(images/tb.gif) no-repeat left;
    text-indent:1em;
```

```
    }
.news a{
    color:#06C;
    font-size:12px;
    text-decoration:none;
    line-height:30px;
    }
.news a:hover{
    text-decoration:underline;
    color:#F00;
    }
```

代码中部分内容说明如下。
- 外层盒子标签＜div＞设置宽度、边框、背景图片、设置内边距,并让盒子水平居中。
- 标题标签＜h1＞设置左外边框、左内边距、字体颜色和字体大小。
- 无序列表标签＜ul＞设置白色背景。上外边距、左右内边距为10px。
- 列表项标签＜li＞设置下外边框为虚线,背景用图片,缩进1cm。
- 超链接标签＜a＞去掉下画线,设置字体颜色和字体大小,垂直居中。
- 设置伪类链接,光标移动到超链接上时,加下画线,颜色变为红色。

重新保存代码并运行,得到如图5-6所示的效果。

相关知识与技能

1. 边框属性

在网页设计中,为了分割页面中不同的盒子,常常需要给元素设置边框效果。CSS边框属性(见表5-1)包括边框宽度属性、边框样式属性、边框颜色属性等。另外还可综合设置边框。

任务5.2 盒子模型的属性—边框.mp4

语法:

```
border: boder-width || border-style || border-color
```

表5-1 边框属性

属　　性	作　　用
border-width	定义边框粗细,单位是px
border-style	边框的样式
border-color	边框颜色

1) border-width属性

border-width属性用于设置边框的宽度,其基本语法如下:

border-width: 上边 [右边 下边 左边];

在设置边框的宽度时,既可以针对四条边分别设置,又可以综合设置四条边的宽度。常用的属性取值单位为px。使用border-width属性综合设置四边宽度时,必须按照上、右、下、左的顺时针顺序。省略部分边时采用值复制的原则,即一个值为四边一样,两个值为上下一样/左右一样,三个值为上/左右一样/下。

下面通过一个案例对边框宽度属性进行演示。

新建 HTML 页面,并在页面中添加 div 标签,设置宽度和高度分别为 200px 和 100px,然后通过边框宽度属性对 div 进行控制,HTML 和 CSS 样式代码如下:

```html
<!DOCTYPE html>
<html lang="en">
<head>
    <meta charset="UTF-8">
    <meta http-equiv="X-UA-Compatible" content="IE=edge">
    <meta name="viewport" content="width=device-width, initial-scale=1.0">
    <title>Document</title>
    <style>
        .one {
            width: 200px;
            height: 100px;
            border-width: 5px;
        }

        .two {
            width: 200px;
            height: 100px;
            border-width: 3px 5px;
        }
    </style>
</head>
<body>
    <div class="one">盒子的宽度属性用法:综合写法 5px</div>
    <div class="two">盒子的宽度属性用法:上下 3px,左右 5px</div>
</body>
</html>
```

效果如图 5-8 所示,可见没有达到预期的边框效果。这是因为在设置边框宽度时,必须同时设置边框样式,如果没有设置边框样式,则不论宽度设置为多少都没有效果。在上面的 CSS 代码中,为 div 标签添加边框样式"border-style:solid;"。保存 HTML 文件,刷新浏览页面,效果如图 5-9 所示。

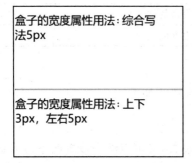

图 5-8 设置边框宽度

图 5-9 同时设置边框宽度和样式

2) border-style 属性

该属性设置边框的样式,其基本语法如下:

border-style: 上边 [右边 下边 左边];

border-style 属性值为 none,表示没有边框,即忽略所有边框的宽度(默认值)。在设置边框的样式时,既可以针对四条边分别设置,也可以综合设置四条边的样式。常用的属性取值有 4 个,分别用于设置不同的显示模式,具体如下。

➢ solid:边框为单实线(最为常用)。
➢ dashed:边框为虚线。
➢ dotted:边框为点线。
➢ double:边框为双实线。

下面通过一个案例对边框样式属性进行演示。

```html
<!DOCTYPE html>
<html lang="en">
<head>
    <meta charset="UTF-8">
    <title>边框样式</title>
    <style>
        div {
            width: 200px;
            height: 200px;
            /*边框的宽度 在实际开发中单位都是用 px */
            border-width: 5px;
            /*实线*/
            /* border-style: solid; */
            border-style: solid dashed double dotted;
            /*点线*/
            /* border-style: dotted; */
        }
    </style>
</head>
<body>
    <div>边框的用法 </div>
</body>
</html>
```

运行代码,效果如图 5-10 所示。

注意:由于兼容性问题,在不同的浏览器中点线和虚线的显示样式会略有差异。

图 5-10 边框样式效果

3) border-color 属性

border-color 属性用于设置边框的颜色,其基本语法如下:

border-color:上边 [右边 下边 左边];

颜色的设置方法和之前文本颜色的设置是一样的,可为预定义颜色、十六进制或 RGB 代码。属性值同样可以设置 1~4 个,遵循值复制的原则,与样式、宽度的设置方法一样。

注意:设置边框颜色时必须设定边框的样式,否则设置的边框属性无效。

4) 综合设置边框

使用 border-width、border-style、border-color 虽然可以实现丰富的边框效果,但是书写的代码烦琐,且不便于阅读。CSS 提供了更简单的边框设置方式,与字体、背景的设置方法相似,其基本语法如下:

border:宽度 样式 颜色;

具体设置时,宽度、样式、颜色的顺序不分先后,可以只指定需要设置的属性,省略的部分将取默认值(样式不能省略)。

当每一侧的边框样式都不相同,或者只需单独设置某一侧的边框时,可以使用单侧边框的综合属性 border-top、border-bottom、border-left 或 border-right 进行设置,如表 5-2 所示。

表 5-2 单侧边框的设置

上 边 框	下 边 框	左 边 框	右 边 框
border-top-style:样式	border-bottom-style:样式	border-left-style:样式	border-right-style:样式
border-top-width:宽度	border-bottom-width:宽度	border-left-width:宽度	border-right-width:宽度
border-top-color:颜色	border-bottom-color:颜色	border-left-color:颜色	border-right-color:颜色
border-top:宽度、样式、颜色	border-bottom:宽度、样式、颜色	border-left:宽度、样式、颜色	border-right:宽度、样式、颜色

例如,单独设置 p 标签的上边框,代码如下:

```
p {border-top:1px solid #333; }
```

下面对标题和输入(input)分别应用 border 复合属性设置边框,HTML 和 CSS 样式代码如下:

```
<!DOCTYPE html>
<html lang="en">
<head>
    <meta charset="UTF-8">
    <title>Document</title>
    <style>
        h2 {
            /*上边框写法*/
            border-top: 2px solid red;
            border-left: 5px double green;
            border-right: 2px dashed blue;
            border-bottom: 5px solid pink;
        }
```

```
        input {
            /*border-top: none;
            border-left: none;
            border-right: none;
            border-bottom: 1px dashed red;*/
            /*四个边框都去掉,先写大的,后写小的*/
            border: none;
            border-bottom: 1px dashed red;
        }
    </style>
</head>
<body>
    <h2>综合设置边框</h2>
    用户名:<input type="text"><br />
    密码:<input type="text">
</body>
</html>
```

在上述代码中,首先使用边框的单侧复合属性设置二级标题,使其各侧边框显示不同样式;再使用复合属性 border 和 border-bottom,为 input 设置下边框(默认情况下 input 四个边框都有)。运行效果如图 5-11 所示。

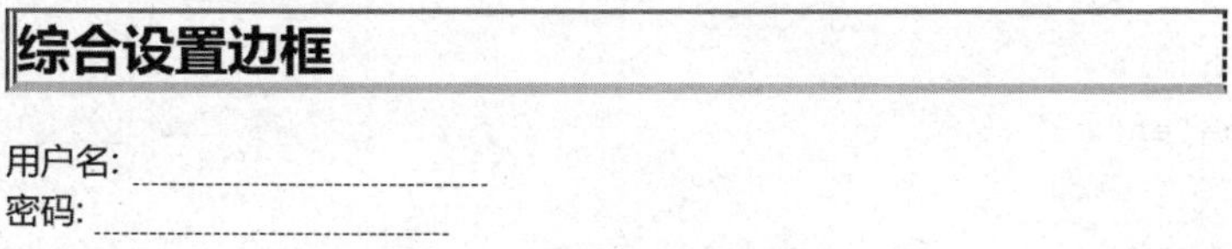

图 5-11 综合设置边框

2. 内边距

1) 内边距设置

在网页设计中,为了调整内容在盒子中的显示位置,常常需要给元素设置内边距。所谓内边距指的是元素内容与边框之间的距离,如图 5-12 所示。打开小米网的左侧导航栏,如图 5-13 所示。

从图 5-12 中,可以看到文字距离左侧边框都有一定的距离,这就是内边距。在 CSS 中 padding 属性用于设置内边距。同边框属性 border 一样,padding 也是复合属性,其相关的属性设置方法如表 5-3 所示。

任务 5.2 盒子模型的属性—内边距 1.mp4

任务 5.2 盒子模型的属性—内边距 2.mp4

表 5-3 内边距的属性

属　　性	说　　明
padding-left	左内边距
padding-right	右内边距
padding-top	上内边距
padding-bottom	下内边距

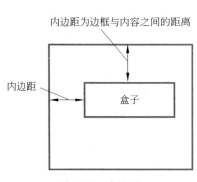

图 5-12　内边距　　　　　　图 5-13　小米网左导航栏

在上面的设置中，padding 相关属性的取值可为 auto（默认值）、不同单位的数值、相对于父元素宽度的百分比（％）；实际工作中最常用的是像素值（px）；不允许使用负值。

下面通过一个案例来演示内边距的用法和效果，HTML 和 CSS 样式代码如下：

```html
<!DOCTYPE html>
<html lang="en">
<head>
    <meta charset="UTF-8">
    <title>内边距</title>
    <style>
        div {
            width: 200px;
            height: 200px;
            border: 1px solid red;
            /*左内边距*/
            padding-left: 10px;
            padding-top: 30px;
        }
    </style>
</head>
<body>
    <div>王者农药 </div>
</body></html>
```

运行上述代码，效果如图 5-14 所示。通过效果图发现，在给盒子指定 padding 值之后，发生了以下两件事情：一是内容和边框有了距离，添加了内边距；二是盒子会变大（图 5-15）。

图 5-14 设置内边距

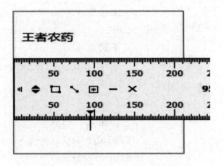

图 5-15 设置内边距后的变化

2) 内边距的简写

同边框相关属性一样,使用复合属性 padding 定义内边距时,必须按顺时针顺序采用值复制,具体如表 5-4 所示。

表 5-4 内边距复合属性

padding 值的个数	作　　用
1 个值	上、下、左、右内边距
2 个值	上、下内边距,左、右内边距
3 个值	上内边距,左、右内边距,下内边距
4 个值	上内边距,右内边距,下内边距,左内边距

思考:新浪导航栏应该如何制作?如图 5-16 所示。

图 5-16 新浪导航栏

提示:新浪导航栏的核心就是因为里面的字数不一样多,不方便给宽度,还是给每个超链接设置 padding,撑开盒子的,参考代码如下:

```
<!DOCTYPE html>
<html lang="en">
<head>
    <meta charset="UTF-8">
    <title>新浪导航栏案例</title>
    <style>
    /*清除元素默认的内外边距*/
    * {
        margin: 0;
        padding: 0;
    }
    .nav {
        height: 41px;
```

```
        background-color: #FCFCFC;
        /* 上边框 */
        border-top: 3px solid #FF8500;
        /* 下边框 */
        border-bottom: 1px solid #EDEEF0;
    }
    .nav a {
        /* 转换为行内块 */
        display: inline-block;
        height: 41px;
        line-height: 41px;
        color: #4C4C4C;
        /* 代表上下内边距是 0,左右内边距是 20 */
        padding: 0 20px;
        /* background-color: pink; */
        text-decoration: none;
        font-size: 12px;
    }
    .nav a:hover {
        background-color: #eee;
    }
</style>
</head>
<body>
    <div class="nav">
        <a href="#">设为首页</a>
        <a href="#">手机新浪网</a>
        <a href="#">移动客户端</a>
        <a href="#">博客</a>
        <a href="#">微博</a>
        <a href="#">关注我</a>
    </div>
</body>
</html>
```

3) 内盒尺寸计算

盒子实际的宽、高计算公式如下。

高度:

  Element Height = content height + padding + border(Height 为内容高度)

宽度:

  Element Width = content width + padding + border(Width 为内容宽度)

  盒子的实际的大小 = 内容的宽度和高度 + 内边距 + 边框

按照如上的公式计算后,盒子的宽度会变为 $200+10+1\times2=222(px)$,盒子的高度为 $200+30+1\times2=232(px)$。

下面通过两个图比较一下内边距的变化,如图 5-17 所示。通过上下两个图的对比,可以发现设置了内边距的盒子,宽度和高度比原来的盒子都多出 20px。

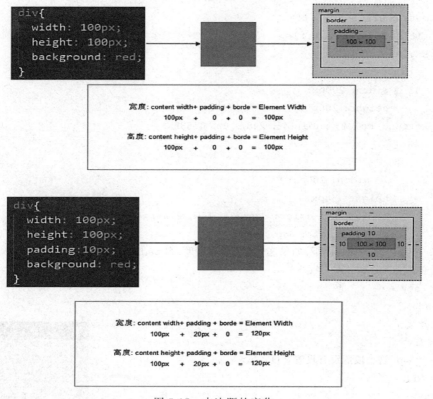

图 5-17 内边距的变化

在网页布局中出现如上的情况如何解决呢？可以通过给设置了宽高的盒子减去相应的内边距的值,维持盒子原有的大小,如图 5-18 所示。

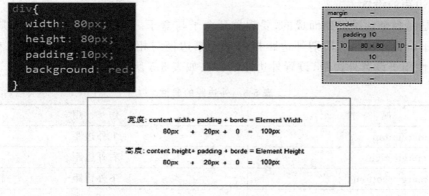

图 5-18 解决方案

4) 特殊情况

如果没有给一个盒子指定宽度,此时即使给这个盒子指定 padding,则不会撑开盒子,代码如下。

```
<!DOCTYPE html>
<html lang="en">
<head>
    <meta charset="UTF-8">
    <title>Document</title>
    <style>
        div {
            width: 200px;
            height: 200px;
  background-color: rgba(146, 248, 133, 0.685);
        }
        p {
            /* width: 200px; */
            height: 30px;
            background-color: rgb(214, 158, 214);
            padding-left: 30px;
            /*特殊情况下,如果这个盒子没有宽度,则padding不会撑开盒子*/
        }
    </style>
</head>
<body>
    <div>
        <p>这个段落没有设置宽度</p>
    </div>
</body>
</html>
```

运行以上代码,效果如图 5-19 所示。

图 5-19　padding 不会撑开盒子

3. 外边距

1) 外边距的设置

网页是由多个盒子排列而成的,要想拉开盒子与盒子之间的距离,合理地布局网页,就需要为盒子设置外边距。所谓外边距指的是元素边框与相邻元素之间的距离。在 CSS 中 margin 属性用于设置外边距,设置外边距的方法如表 5-5 所示。

表 5-5　外边距的属性

属　　性	作　　用
margin-top	上外边距
margin-right	右外边距
margin-bottom	下外边距
margin-left	左外边距

任务 5.2　盒子模型的属性—外边距.mp4

margin 相关属性的值及复合属性取值的情况与 padding 相同。但是外边距可以使用负值,使相邻元素重叠。下面通过一个例子演示外边距的属性设置,代码如下:

```
<!DOCTYPE html>
```

```
<html lang="en">
<head>
    <meta charset="UTF-8">
    <title>Document</title>
    <style>
        div {
            width: 200px;
            height: 200px;
            background-color:red;
            padding: 20px;
            /*外边距*/
            /*margin-left: 100px;
            margin-top: 50px;*/
            margin: 50px 0 0 100px;
        }
    </style>
</head>
<body>
    <div>外边距的设置</div>
</body>
</html>
```

运行上述代码,效果如图 5-20 所示,可以发现盒子距离页面上方和左边都有了边距。

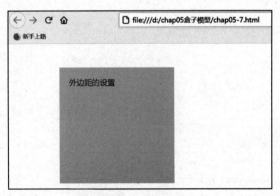

图 5-20　外边距设置

2)块级盒子居中对齐

在浏览网站时,经常看到网页的内容在整个页面中是居中对齐的,如淘宝网,如图 5-21 所示。这是如何实现的呢?实际工作中常用这种方式进行网页布局,示例代码如下:

```
.header{
    width:960px;
    margin:0 auto;
}
```

让一个块级盒子实现水平居中必须满足两个条件:

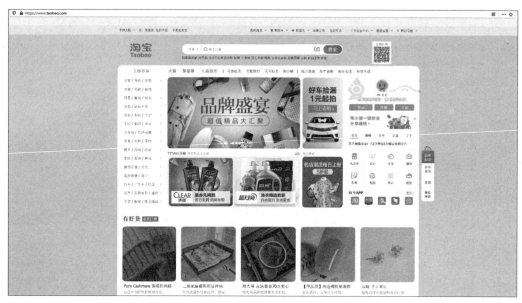

图 5-21　淘宝网首页

➢ 盒子必须指定了宽度(width)。
➢ 给左右的外边距都设置为 auto。

下面通过一个案例演示使盒子居中对齐,代码如下:

```html
<!DOCTYPE html>
<html lang="en">
<head>
    <meta charset="UTF-8">
    <title>Document</title>
    <style>
        div {
            width: 600px;
            height: 200px;
            background-color: rgba(0, 0, 255, 0.144);
            /* 让块级盒子居中对齐水平。(1)必须有宽度。(2)左右外边距设置为 auto */
            /* (1) margin-left: auto;
            margin-right: auto; */
            /* (2) margin: auto; */
            /* (3) 左右外边距为 auto,上下外边距为 0 */
            margin: 0 auto;
            text-align: center;
        }
    </style>
</head>
<body>
    <div>块级盒子居中对齐</div>
```

```
</body>
</html>
```

运行上述代码,效果如图 5-22 所示,盒子水平居中,文字的居中对齐是通过"text-align: center;"实现的,要加以区分。

图 5-22 块级盒子居中对齐

3) 清除元素的默认内外边距

从"盒子居中对齐"案例可以看出,盒子距离浏览器边界存在一定的距离,然而我们并没有对<div>标签或<body>标签应用内边距或者外边距(例题中设置了盒子的上下外边距为 0),可见这些标签默认就存在内边距和外边距的样式。为了更方便控制网页中的标签,制作网页时添加如下代码,即可清除默认的内外边距:

```
* {
    padding: 0;           /*清除内边距*/
    margin: 0;            /*清除外边距*/
}
```

任务 5.3　元素的类型与转换

任务描述

在使用元素标签的时候,会发现有些标签可以设置宽度和高度属性(如 p 标签),有些标签则不可以(如 strong 标签)。原因是标签有着特定的类型,不同类型的标签可以设置的属性也不同。

任务实现

实现简单导航栏的制作,初始状态如图 5-23 所示,光标放上去后效果如图 5-24 所示。a 链接的宽、高为 100px×30px。

1. HTML 代码

```
<a href="#">新闻</a>
<a href="#">体育</a>
<a href="#">汽车</a>
```

```
<a href="#">好用</a>
```

任务5.3 元素的类型与转换 1.mp4

任务5.3 元素的类型与转换 2.mp4

任务5.3 元素的类型与转换 3.mp4

图 5-23 导航栏初始效果

图 5-24 导航栏最终效果

2. CSS 代码

```
/* (1) 变化样式
    a {
        /* 一定要进行模式转换。行内块 */
        display: inline-block;
        width: 100px;
        height: 30px;
        /* 行高等于高度,可以让单行文本垂直居中 */
        line-height: 30px;
        background-color: pink;
        /* 可以让文字水平居中 */
        text-align: center;
        color: #fff;
        text-decoration: none;
    }
    /* (2) 光标经过时改变底色和文字的颜色 */
    a:hover {
        background-color: orange;
        color: yellow;
    }
```

保存代码并运行。

 相关知识与技能

1. 元素的类型

1) 块元素

块元素在页面中以区域块的形式出现,常见的块元素有<h1>至<h6>、<p>、<div>、<ul>、<ol>、<li>等。其中<div>标签是最典型的块元素,常用于网页布局和网页结构的搭建。块级元素的特点如下。

➢ 自己独占一行。

➢ 高度、宽度、外边距以及内边距都可以控制。

➢ 宽度默认是容器(父级宽度)的100%。

➢ 是一个容器及盒子,里面可以放行内或者块级元素。

注意:只有文字才能组成段落。因此<p>标签里面不能放块级元素,特别是<p>不能放<div>。同理,h1～h6、dt 都是文字类块级标签,里面不能放其他块级元素。

2)行内元素

行内元素也称内联元素或内嵌元素,用于控制页面中文本的样式。常见的行内元素有<a>、<strong>、<b>、<em>、<i>、<del>、<s>、<ins>、<u>、<span>等,其中<span>标签是最典型的行内元素。行内元素的特点如下。

➢ 相邻行内元素在一行,一行可以显示多个。
➢ 高、宽直接设置是无效的。
➢ 默认宽度就是它本身内容的宽度。
➢ 行内元素只能容纳文本或则其他行内元素。

注意:链接里面不能再放链接,特殊情况下,a 里面可以放块级元素,但是给 a 转换一下块级模式最安全。

下面通过一个案例进一步认识块元素与行内元素,代码如下:

```
<!DOCTYPE html>
<html lang="en">
<head>
    <meta charset="UTF-8">
    <title>Document</title>
    <style>
        div {
            /* 这是 div 的背景颜色、宽度和高度,水平居中 */
            width: 200px;
            height: 200px;
            /*背景颜色不要和文字颜色混淆了*/
            background-color: pink;
            text-align: center
        }
        p {
            background:purple;
        }
        strong {
            /* 这是 strong 的背景颜色、宽度和高度,水平居中 */
            width: 200px;
            height: 200px;
            /*背景颜色不要和文字颜色混淆了*/
            background-color: rgb(17, 197, 137);
            text-align: center
        }
        em {
            background: #ccc;
        }
```

```
        </style>
    </head>
    <body>
        <div>我是块级元素 div</div>
        <p>我是块级元素段落标记</p>
        <div>
            <h1>h1 标题</h1>
            <strong>strong 标记文本的加粗</strong><em>em 标记文本的倾斜</em>
        </div>
    </body>
</html>
```

在上述代码中,首先使用块级元素<div>、<p>和行内元素<strong>、<em>定义文本,然后对它们进行样式的设置,效果如图 5-25 所示。

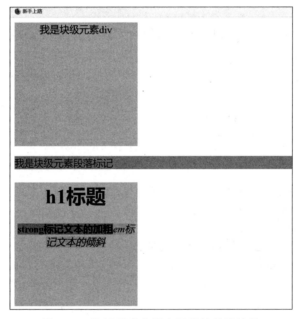

图 5-25　块级元素和行内元素的显示效果

从图 5-24 可以看出,不同类型的元素在页面中所占的区域不同。块级元素<div>、<p>各自占据一个矩形的区域,虽然<div>、<p>相邻,但它们不会排在同一行中,而是依次垂直排列,其中设置了宽高属性的<div>按设置的样式显示,未设置宽高属性的<p>则左右撑满页面。然而行内元素<strong>、<em>排列在一行,遇到边界自动换行,虽然对<strong>设置了和<div>相同的宽高和对齐属性,但是在实际显示效果中并不会生效,而是按照自身文字的宽度作为自己的默认宽度。也可以看出行内元素可以嵌套在块级元素中,而块元素不能嵌套在行内元素中。

3)行内块元素

在行内元素中有几个特殊的标签为<img />、<input />、<td>,可以对它们设置宽高和对齐属性。有些资料可能会称它们为行内块元素。行内元素的特点如下。

➢ 和相邻行内元素(行内块)在一行上,但是之间会有空白缝隙。一行可以显示多个。
➢ 默认宽度就是它本身内容的宽度。
➢ 高度、行高、外边距以及内边距都可以控制。

下面通过一个简单的案例认识行内块元素,代码如下:

```html
<!DOCTYPE html>
<html lang="en">
<head>
    <meta charset="UTF-8">
    <title>Document</title>
    <style>
        img {
            width: 200px;
        }
    </style>
</head>
<body>
    <img src="images/3.jpg" Alt="">
    <img src="images/3.jpg" Alt="">
    <img src="images/3.jpg" Alt="">
</body>
</html>
```

运行上述代码,效果如图 5-26 所示,可以看到图片是一行排列的,但是可以设置宽度属性,这就是行内块原色的特点。

图 5-26 行内块元素显示效果

2. <div>和<span>标签

1) <div>

div 的因为全称是 division,翻译为中文是"分割、区域"。<div>标签简单而言就是一个块标签,可以实现网页的规划和布局。在 HTML 文档中,页面会被分为若干区域,不同区域显示不同的内容,如导航栏、banner、内容区域等,这些区域都是通过<div>进行分割。可以在<div>标签中设置内外边距、宽和高。同时内部可以容纳各种网页元素,也就是大多数 HTML 标签都是可以嵌套在<div>标签中,还可以嵌套多层的<div>。<div>标签功能非常强大,通过与 id、class 等属性结合设置 CSS 样式,可以替代大多数的块级文本标签。在前面的例题中已经用过多次了,大家也体会到它的强大之处了。

注意：<div>标签最重要的作用在于和浮动属性 float 配合，实现网页的布局，这就是常说的 DIV+CSS 布局。<div>可以替代块级运算<h1>至<h6>、<p>等，但是它们在语义上有一定的区别。例如，<div>和<h2>的不同在于<h2>具有特殊的含义，代表着标题，而<div>是一个通用的块级元素，主要用于布局。

2）<span>

与<div>一样，<span>也作为容器标签被广泛应用在 HTML 语言中。和<div>不同的是，<span>是行内元素，<span>和</span>之间只能包含文本和各种行内标签，如<strong>、<em>等。<span>中还可以嵌套多层<span>。

<span>标签常用于定义网页中某些特殊显示的文本，配合 class 属性使用。它本身没有固定的格式表现，只有应用样式时，才会产生视觉上的变化。当其他行内标签都不合适时，就可以使用<span>标签。

下面通过一个案例演示<span>标签的使用，代码如下：

```
<!DOCTYPE html>
<html lang="en">
<head>
    <meta charset="UTF-8">
    <title>Document</title>
    <style>
        .nav {
            font:14px "黑体";
            color:aqua
        }
        .nav .school {
            font-size: 20px;
            color:#999;
            padding-right: 20px;
        }
        .nav .course {
            font-size: 18px;
            color:#ff0cb2;
        }
    </style>
</head>
<body>

    <div class="nav">
    <span class="school">广科院</span>
    <span class="course">Web前端技术基础课程</span>
    <strong>上线啦</strong>,
    欢迎大家到超星平台学习！
    </div>
</body>
</html>
```

在上述实例中,使用<div>标记定义一些文本,并且在<div>中嵌套定义两对<span>,用于控制某些特殊显示的文本,然后通过 CSS 分别设置它们的样式。

运行代码,效果如图 5-27 所示。

图 5-27　span 元素的使用

由上述实例中可以看出,<span>标签可以嵌套于<div>中,成为它的子元素,但是反过来则不成立。

3. 元素的转换

网页是由多个块元素和行内元素构成的盒子排列而成的。如果希望行内元素具有块元素的某些特性,如可以设置宽、高,或者需要块元素具有行内元素的某些特性,如不独占一行排列,可以使用 display 属性对元素的类型进行转换。

display 属性常用的属性值及含义如下。

➢ 块转行内:display:inline。
➢ 行内转块:display:block。
➢ 块、行内元素转换为行内块:display:inline-block。

下面通过一个案例来演示 display 属性的用法和效果,代码如下:

```
<!DOCTYPE html>
<html lang="en">
<head>
    <meta charset="UTF-8">
    <meta name="viewport" content="width=device-width, initial-scale=1.0">
    <meta http-equiv="X-UA-Compatible" content="ie=edge">
    <title>Document</title>
    <style>
        div,span,a {
            width: 100px;
            height: 100px;
            background: #fcc;
            text-align: center;
            line-height:100px;
            margin:5px;
        }
        .d_one {
            display:inline;
        }
        .s_one {
            display:block;
        }
```

```
        a {
            display: inline-block;
        }
    </style>
</head>
<body>
    <div class="d_one">第一个 div</div>
    <div class="d_two">第二个 div</div>
    <span class="s_one">第一个 span</span>
    <span class="s_two">第二个 span</span>
    <br />
    <a href="#">首页</a>
    <a href="#">登录</a>
    <a href="#">注册</a>
</body>
</html>
```

在上述实例中，定义了两对＜div＞和两对＜span＞、三对＜a＞，为它们设置相同的宽度、高度、背景色和外边距。同时，对第一个＜div＞应用"display:inline"样式，使其变为行内元素；对第一个＜span＞标签应用"display:block;"样式，使其转为块元素。＜a＞标签转换成行内块元素。

运行代码，效果如图 5-28 所示。从图 5-27 所示，第一个＜div＞设置的宽、高没有效果，靠自身的文本内容撑开盒子，这是因为它被转换成了行内元素。第一个＜span＞是可以调整宽、高，是因为它被转换成了块元素。＜a＞链接在一行显示并能调整宽、高，是因为它被转换成了行内块元素。

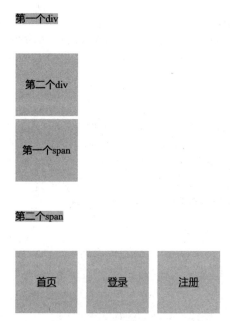

图 5-28　元素的转换

任务 5.4 外边距合并

任务描述

当两个相邻或者嵌套的块元素相遇时,使用 margin 定义块元素的垂直外边距时,可能会出现外边距的合并,发生重叠。了解块元素的这一特性,有助于设计者更好地使用 CSS 进行布局。

任务实现

实现如图 5-29 所示的效果,外层是一个父盒子,里层是一个子盒子,子盒子里有 4 个超链接。

图 5-29 解决外边距塌陷

1. HTML 代码

```
<div class="father">
    <div class="son">
        <a href="#">新闻</a>
        <a href="#">体育</a>
        <a href="#">汽车</a>
        <a href="#">好用</a>
    </div>
</div>
```

任务 5.4 外边距合并.mp4

2. CSS 代码

```
.father {
        width: 600px;
        height: 300px;
        background-color: pink;
        /*嵌套关系*/
        /*(1) 可以为父元素定义上边框*/
        /*border-top: 1px solid transparent;*/
        /*(2) 可以给父级指定一个上 padding 值*/
```

```css
        /* padding-top: 1px; */
        /* (3) 可以为父元素添加 overflow:hidden */
        overflow: hidden;
}

.son a {
    /* 一定要进行模式转换 */
    display: inline-block;
    width: 50px;
    height: 30px;
    background-color: blue;
    /* 可以让文字水平居中 */
    text-align: center;
    color: #fff;
    text-decoration: none;
    line-height: 30px;
}
/* 光标经过时改变底色和文字的颜色 */

.son a:hover {
    background-color: orange;
    color: yellow;
}

.son {
    width: 400px;
    height: 200px;
    background-color: purple;
    margin-top: 20px;
}
```

保存代码并运行。

 **相关知识与技能**

1. 相邻块元素垂直外边距合并

当上下相邻的两个块元素相遇时，如果上面的元素有下外边距 margin-bottom，下面的元素有上外边距 margin-top，则它们之间的垂直间距不是 margin-bottom 与 margin-top 之和，而是取两个值中的较大者，这种现象被称为相邻块元素垂直外边距的合并（也称外边距塌陷），如图 5-30 所示。

下面通过一个例题验证一下，代码如下：

```html
<!DOCTYPE html>
<html lang="en">
<head>
    <meta charset="UTF-8">
```

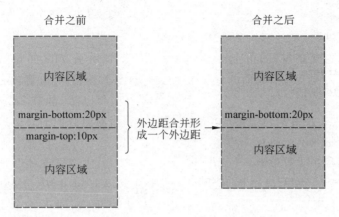

图 5-30 垂直外边距的合并 1

```
<title>Document</title>
<style>
    .top,
    .bottom {
        width: 200px;
        height: 100px;
        background-color: pink;
    }
    .top {
        margin-bottom: 100px;
    }
    .bottom {
        background-color: purple;
        margin-top: 50px;
    }
</style>
</head>
<body>
    <div class="top"></div>
    <div class="bottom"></div>
</body>
</html>
```

运行上述代码,效果如图 5-31 所示,通过效果图可以看出上下两个盒子的间距并不是 150px,而是 100px。所以以后遇到这种情况,只需要对一个盒子设置外边距就可以。

2. 嵌套块元素垂直外边距的合并

对于两个嵌套关系的块元素,如果父元素没有上内边距及边框,父元素的上外边距会与子元素的上外边距发生合并,合并后的外边距为两者中的较大者。下面通过嵌套块元素案例演示效果,代码如下:

图 5-31 垂直外边距合并 2

```html
<!DOCTYPE html>
<html lang="en">
<head>
    <meta charset="UTF-8">
    <title>Document</title>
    <style>
        .father {
            width: 500px;
            height: 500px;
            background-color: pink;
        }
        .son {
            width: 200px;
            height: 200px;
            background-color: purple;
            margin-top: 50px;
        }
    </style>
</head>
<body>
    <div class="father">
        <div class="son"></div>
    </div>
</body>
</html>
```

运行上述代码,效果如图 5-32 所示,可以发现嵌套的子盒子的外边距并没有起作用,而是父元素的外边距发生了塌陷。如果发生这种情况,该如何解决呢? 有以下三种解决方案。

图 5-32 嵌套盒子外边距发生了塌陷

(1) 可以为父元素定义上边框的透明效果为"border-top: 1px solid transparent;"。

(2) 可以给父级指定一个上内边距值"padding-top：1px；"。

(3) 可以为父元素添加"overflow：hidden"。

学习任务工单

课前学习	课中学习	课后拓展学习
(1) 完成微课视频和课件的学习。 (2) 发帖讨论：CSS盒子模型主要由哪些部组成？ (3) 完成单元测试	运用盒子模型实现航天故事页面	(1) 完成"商品购物网站"页面的设计并上传到超星平台。 (2) 将学习中遇到的问题发布到超星平台

小结

在HTML中一切元素都可以看作盒子，而网页的布局就好像堆积木，如何将这些积木堆出自己想要的布局，那就需要对盒子有一定的了解。在HTML中盒子模型包括：实际内容(content)、内边距(padding)、边框(border)、外边距(margin)四个属性，这些属性在网页布局中常用到。本项目详细介绍了盒子模型相关属性、元素类型和转换，以及外边距合并等内容。

通过本项目的学习，读者能熟悉盒子模型的结构，能应用盒子模型完成一些简单页面的制作。

思政一刻：从神舟五号到神舟十四号背后的故事

从神舟五号到神舟十四号，中国载人航天的每一个目标都在实现。随着中国空间站的建立，中国航空航天事业取得了重大突破，中国的航天梦有了辉煌的成果。而从无到有，从一片空白到如今空间站的建立，中国航空仅仅用了65年。中国航天的发展之所以能取得如此成就，正是因为有一批批的航天人为之不懈奋斗。这种吃苦耐劳、精益求精、勇于登攀和敢于超越的精神正是需要我们学习的。

课后练习

一、单选题

1. 一个盒子的宽(width)和高(height)均为300px，左内边距为30px，同时盒子有3px的边框，则这个盒子的总宽度是(　　)。

　　A. 300px　　　　B. 320px　　　　C. 360px　　　　D. 336px

2. 下列选项中，用于更改元素左内边距的是(　　)。

　　A. text-indent　　　　　　　　B. margin-left

　　C. padding-left　　　　　　　　D. padding-right

3. 元素显示为块元素，此时的display属性值是(　　)。

　　A. inline　　　B. block　　　C. inline-block　　　D. black

4. 通过圆角边框设置圆形图时，需要设置border-radius为(　　)。

　　A. 50%　　　　B. 60%　　　　C. 40%　　　　D. 20%

5. 在下列选项中,对代码"margin:10px 0 20px;"的解释正确的是(　　)。

　　A. 上间距为 10px,左右间距为 0,下间距为 20px

　　B. 上间距为 10px,左间距为 0,右间距为 20px

　　C. 上下间距为 10px,左间距为 0,右间距为 20px

　　D. 上间距为 10px,左间距为 0,右下间距为 20px

二、操作题

1. 参照任务 5.2～任务 5.4 练习盒子模型的应用。

2. 根据提供的素材,完成如图 5-33 所示的页面效果,光标移动至"校园风光"中某个图片(木棉花 2)上,会出现盒子的阴影效果。

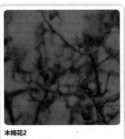

图 5-33　盒子阴影效果

项目 6　制作珠海航展首页

项目描述

在 HTML 网页设计标准中,通常采用 XHTML＋CSS 的方法实现各种网页定位、布局。通过本项目的学习,掌握基本的 XHTML＋CSS 布局页面技术。

知识目标

- 掌握 DIV 标签的操作
- 掌握网页布局常用属性
- 掌握 DIV＋CSS 布局

职业能力目标

- 能使用 DIV＋CSS 技术布局网页

教学导航

教学重点	认识浮动、清除浮动、标记定位属性
教学难点	清除浮动、标记定位属性
推荐教学方式	讲授、项目教学、案例教学、问题导向或讨论
推荐学时	8 学时
推荐学习方法	多动手操作,布局不同样式的页面

任务 6.1　珠海航展首页布局结构

 任务描述

珠海航展首页是运用 DIV＋CSS 布局实现的,布局结构如图 6-1 所示。

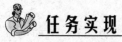 任务实现

参照图 6-1 的布局结构,利用 CSS＋DIV 技术布局好珠海航展首页的页面。

导航栏	
banner	
图片	图片
文字	文字
图片	图片
表单	
底部	

图 6-1 珠海航展网首页布局结构

相关知识与技能

1. 网页布局概述

网页布局也可以叫作排版,它指的是把文字和图片等元素合理地排列在页面上,使网页的排版变得丰富、美观。现在的网页布局主要是运用 DIV+CSS 技术实现,主要通过 CSS 样式设置来布局文字或图片等元素,需要用到 CSS 盒子模型、盒子类型、CSS 浮动、CSS 定位、CSS 背景图定位等知识来布局,它比传统布局要复杂。

任务 6.1 珠海航展首页布局结构.mp4

1) 确定页面的版心宽度

版心是页面的有效使用面积,也就是在浏览器窗口中能看到的区域,一般是水平居中显示。通常设计版心宽度范围为 1000~1200px,例如,屏幕分辨率为 1024px×768px 的浏览器,在浏览器中有效可视区域宽度为 1000px。在设计网站时应尽量适配主流的屏幕分辨率,常见的宽度值为 960px、1000px、1200px 等。

2) 规划页面中的板块

在运用 DIV+CSS 布局之前,首先要对页面有一个整体的规划,包括页面中有哪些模块及模块直接的关系。页面布局可以由头部、导航、内容、页面底部组成。

3) 控制页面中的模块

在规划完页面中的模块后,就可以运用 DIV+CSS 技术来控制页面中的各个模块了。

2. DIV 标签

1) 定义

DIV 元素是用来为 HTML 文档内大块的内容提供结构和背景的元素。DIV 的起始标签和结束标签之间的所有内容都是用来构成这个块的,其中所包含元素的特性由 DIV 标签的属性来控制,或者是通过使用样式表格式化这个块来进行控制。DIV 称为区隔标签,它可以设定字、画、表格等的摆放位置。把文字、图像、表格及其他各种页面元素或内容可以放在 DIV 中,它可称作为 DIV 块、DIV 元素或 CSS 层。

<div>可定义文档中的分区或节,即<div>标签可以把文档分割为独立的、不同的部分。它可以用作严格的组织工具,并且不使用任何格式与其关联。如果用 id 或 class 来标

记<div>,那么该标签的作用会变得更加有效。

2)用法

DIV 标签应用于式样表(Style Sheet)方面会更好地发挥作用,最终目的是给设计者另一种组织能力。它有 Class、Style、Title、ID 等属性。

<div>是一个块级元素,这意味着它包括的内容会自动地开始一个新行。实际上,换行是<div>固有的格式表现。可以通过<div>的 class 或 id 应用额外的样式。

不必为每一个<div>都加上类或 id,虽然这样做也有一定的好处。

可以对同一个<div>元素应用 class 或 id 属性,但是更常见的情况是只应用其中一种。两者的主要差异是:class 用于元素组(类似的元素或某一类元素),而 id 用于标识单独的元素。

3)插入 DIV 标签

在目标位置定位插入点,例如:

```
<div id="box"></div>
```

4)DIV 标签嵌套

DIV 标签可以嵌套,在 DIV 标签内可以添加其他 DIV 标签,如上述<div>标签中增加了另一个<div>标签:

```
<div id="box">
    <div id="main"></div>
</div>
```

5)CSS 样式

CSS 目前的最新版本为 CSS3,是能够真正做到网页表现与内容分离的一种样式设计语言,是 W3C 推出的格式化网页内容的标准技术。它是一种用来表现 HTML 或 XML 等文件样式的计算机语言,也是网页设计者必须掌握的技术之一。相对于传统 HTML 的表现而言,CSS 能够对网页中对象的位置排版进行像素级的精确控制,支持几乎所有的字体、字号样式,拥有对网页对象和模型样式编辑的能力,并能够进行初步交互设计,是目前基于文本展示最优秀的表现设计语言。CSS 能够根据不同使用者的理解能力简化或者优化写法,针对各类人群,有较强的易读性。

3. 网页布局常用属性

在使用 DIV+CSS 技术进行网页布局时,通常会使用一些属性对标签进行控制,常见的属性有 float(浮动)属性和 position(定位)属性。对于一些特殊需求的页面,常要用到 overflow 属性和 z-index 属性。

1)标签的浮动属性

(1)认识浮动元素。元素的浮动是指设置了浮动属性的元素会脱离标准文档流(标准文档流指的是内容元素排版布局过程中会自动从左往右或从上往下进行流式排列)的控制,并移动到其父元素中指定位置的过程。浮动经常应用在网页制作中,通过 float 属性来定义浮动,定义浮动的基本语法格式如下:

选择器{float:属性值};

在该语法中,float 常用的属性值有 3 个,具体如表 6-1 所示。

任务 6.1 珠海航展首页布局结构—相关知识与技能标签的浮动属性.mp4

任务 6.1 珠海航展首页布局结构—相关知识与技能—浮动元素.mp4

表 6-1　float 常用的属性值

属 性 值	描　述
left	元素向左浮动
right	元素向右浮动
none	元素不浮动（默认值）

如图 6-2 和图 6-3 所示的示例是设置 float 属性前后的对比效果。

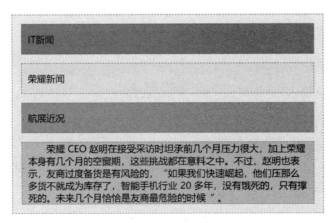

图 6-2　没有设置元素浮动

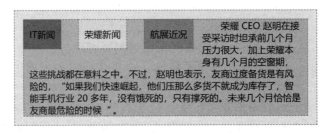

图 6-3　给元素设置左浮动属性后的效果

（2）清除浮动。由于浮动元素不再占用原文档流中的位置，所以会对页面中其他元素的排版产生影响，如图 6-3 所示的段落文本受到周围标签浮动的影响，产生了不太美观的页面效果。如果要避免这种影响，就需要清除的元素浮动。在<p>标签中设置"clear：left"即可清除浮动，效果如图 6-4 所示。

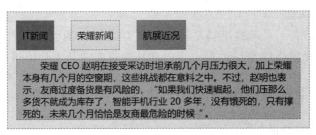

图 6-4　给 p 元素设置清除左浮动后的页面效果

在 CSS 中，clear 属性常用值如表 6-2 所示。

表 6-2　clear 属性常用值

属　性　值	描　　　述
left	清除左侧浮动的影响
right	清除右侧浮动的影响
both	同时清除左右两侧的影响

注意：clear 属性只能清除标签左右两侧浮动的影响。

在实际的网页制作过程中，还会有一些特殊的浮动。例如，对子元素设置浮动时，如果不设置父元素的高度，则子元素的浮动会对父元素产生影响，如图 6-5 所示。

图 6-5　子元素浮动对父元素的影响

在图 6-5 中，由于没设置父元素的高度，父元素显示成一条直线，由于子元素和父元素是嵌套关系，不存在左右位置问题，因此用 clear 属性不能清除子元素浮动对父元素的影响。

常用的清除浮动方法有以下三种。

① 使用空标签清除浮动。在浮动标签后添加空标签，并对该标签设置"clear:both"，可以清除标签浮动的影响，这个空标签可以是＜div＞、＜p＞、＜br /＞等标签，如图 6-6 所示。

```
        p {
            clear: both;
        }/*对空标签应用 clear:both;*/
        </style>
    </head>
    <body>
        <div class="father">
            <div class="box01">IT 新闻</div>
            <div class="box02">荣耀新闻</div>
            <div class="box03">航展近况</div>
            <p></p><!--在浮动标签后添加空标签-->
```

图 6-6　空标签清除浮动效果

② 使用 overflow 属性清除浮动。在父级标签上应用 overflow 属性，也可以清除浮动对当前标签的影响，此方法有效地解决了通过空标签元素清除浮动而不得不增加多余代码的弊端。在图 6-5 页面的基础上使用 overflow 属性清除浮动的效果如图 6-7 所示。

图 6-7 使用 overflow 属性清除浮动效果

代码如下：

```html
<!DOCTYPE html>
<html lang="en">
<head>
    <meta charset="UTF-8">
    <meta http-equiv="X-UA-Compatible" content="IE=edge">
    <meta name="viewport" content="width=device-width, initial-scale=1.0">
    <title>用 overflow 属性清除浮动</title>
    <style type="text/css">
        .father {
            background: #ccc;
            border: 1px dashed #999;
            overflow: hidden;        /*对父标签应用"overflow:hidden;"*/
        }
        .box01,
        .box02,
        .box03 {
            height: 50px;
            line-height: 50px;
            background: #f90;
            border: 1px dashed #999;
            margin: 15px;
            padding: 0px 10px;
            float: left;
        }
    </style>
</head>
<body>
    <div class="father">
        <div class="box01">IT 新闻</div>
        <div class="box02">荣耀新闻</div>
        <div class="box03">航展近况</div>
    </div>
</body>
</html>
```

③ 使用 after 伪对象清除浮动。图 6-7 中的效果也可以通过使用 after 伪对象清除浮动来实现，该方法只适用于非 IE 浏览器。使用中需注意以下两点。

a. 该方法中必须为需要清除浮动元素的伪对象设置"height：0"，否则该元素会比实际高出若干像素。

b. 必须在伪对象中设置 content 属性，其值可以为空。

```html
<!DOCTYPE html>
<html lang="en">
<head>
    <meta charset="UTF-8">
    <meta http-equiv="X-UA-Compatible" content="IE=edge">
    <meta name="viewport" content="width=device-width, initial-scale=1.0">
    <title>使用 after 伪对象清除浮动</title>
    <style type="text/css">
        .father {
            background: #ccc;
            border: 1px dashed #999;
        }
        .father:after {
            /*对父标签应用 after 伪对象样式*/
            display: block;
            clear: both;
            content: "";
            visibility: hidden;
            height: 0;
        }
        .box01,
        .box02,
        .box03 {
            height: 50px;
            line-height: 50px;
            background: #f90;
            border: 1px dashed #999;
            margin: 15px;
            padding: 0px 10px;
            float: left;
        }
    </style>
</head>
<body>
    <div class="father">
        <div class="box01">IT 新闻</div>
        <div class="box02">荣耀新闻</div>
        <div class="box03">航展近况</div>
    </div>
</body>
</html>
```

任务 6.1 珠海航展首页布局结构—相关知识与技能标签的 z-index 属性.mp4

2) 标签的定位属性

浮动布局虽然灵活,但是却无法对元素的位置进行精确的控制。在 CSS 中,通过 CSS 定位(CSS position)可以实现网页元素的精确定位。

(1) 定位属性。在布局网页版面时,如果希望标签内容出现在某个特定的位置,则需要使用定位属性对标签进行精确定位,元素的定位属性主要包括定位方式和边偏移两部分。

任务 6.1 珠海航展首页布局结构标签的相关知识与技能—标签的定位属性.mp4

① 定位方式。在 CSS 中，通过 position 属性可以改变标签的定位方式，语法格式如下：

```
选择器{position: 属性值;}
```

在该语法中，position 属性值有 4 个，分别表示不同的定位方式，具体如表 6-3 所示。

表 6-3　position 属性值

属性值	描　　述
static	默认值，没有定位
relative	相对定位，相对原文档流的位置进行定位
absolute	绝对定位，相对于标签本身第一个 position 为非 static 父元素进行定位
fixd	固定定位，相对于浏览器窗口进行定位

② 边偏移。在 CSS 中，边偏移属性 top、bottom、left 和 right 可以精确定位标签的具体位置，边偏移属性取值一般为数值或百分比，如表 6-4 所示。

表 6-4　边偏移属性

边偏移属性	描　　述
top	顶端偏移量，定义标签相对于父标签上边线的距离
bottom	底端偏移量，定义标签相对于父标签下边线的距离
left	左侧偏移量，定义标签相对于父标签左边线的距离
right	右侧偏移量，定义标签相对于父标签右边线的距离

（2）定位类型。标签的定位类型包括静态定位、相对定位、绝对定位和固定定位。

① 静态定位。静态定位是默认值，任何标签在默认状态下均以静态定位来确定自己的位置，所以在没有定义 position 属性值时，并不是该标签没有自己的位置，而是默认了静态定位。在静态定位情况下，无法通过边偏移属性（top、bottom、left 和 right）来改变标签的位置，如图 6-8 所示。

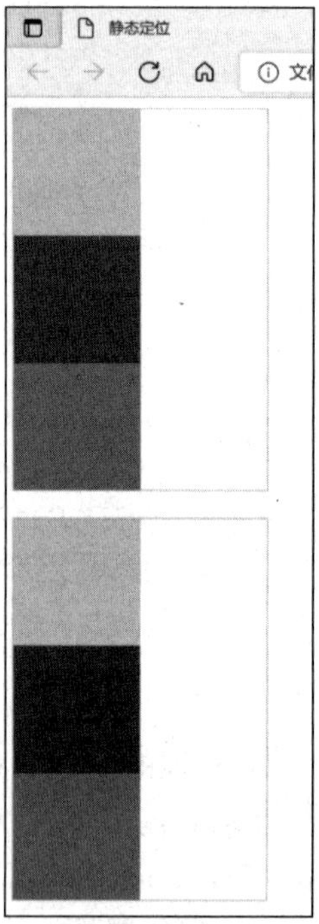

图 6-8　静态定位

代码如下：

```
<!DOCTYPE html>
<html lang="en">
<head>
    <meta charset="UTF-8">
    <meta http-equiv="X-UA-Compatible" content="IE=
   edge">
    <meta name="viewport" content="width=device-width,
    initial-scale=1.0">
    <title>静态定位</title>
    <style>
        .box {
            width: 200px;
            border: solid gainsboro 1px;
        }
```

```
        .box1,
        .box2,
        .box3 {
            width: 100px;
            height: 100px;
        }
        .box1 {
            background-color: aqua;
        }
        .box2 {
            background-color: green;
        }
        .box3 {
            background-color: red;
        }
    </style>
</head>
<body>
    <div class="box">
        <div class="box1"></div>
        <div class="box2"></div>
        <div class="box3"></div>
    </div>
    <br/>
    <div class="box">
        <div class="box1"></div>
        <div class="box2" style="background-color: green; position:static; top: 20px; left:20px;"></div>
        <!--top 和 left 没起作用-->
        <div class="box3"></div>
    </div>
</body>
</html>
```

② 相对定位。相对定位是标签相对于自己原有位置偏移一定距离。当 position 属性取值为 relative 时,可以设置标签为相对定位,设置标签相对定位后,可以通过边偏移属性改变标签的位置,如图 6-9 所示。

代码如下:

```
<!DOCTYPE html>
<html lang="en">
<head>
    <meta charset="UTF-8">
    <meta http-equiv="X-UA-Compatible" content="IE
```

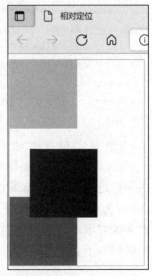

图 6-9　相对定位

```
=edge">
    <meta name="viewport" content="width=device-width, initial-scale=1.0">
    <title>相对定位</title>
    <style>
        .box {
            width: 200px;
            border: solid gainsboro 1px;
        }
        .box1,
        .box2,
        .box3 {
            width: 100px;
            height: 100px;
        }
        .box1 {
            background-color: aqua;
        }
        .box2 {
            background-color: green;
            position: relative;
            top: 30px;
            left: 30px;
        }
        .box3 {
            background-color: red;
        }
    </style>
</head>
<body>
    <div class="box">
        <div class="box1"></div>
        <div class="box2"></div>
        <div class="box3"></div>
    </div>
</body>
</html>
```

③ 绝对定位。相对于标签本身第一个 position 为非 static 父元素进行定位。标签通过 left、top、right 以及 bottom 样式属性进行定位。如果该标签所在的父标签均没有设置 position 为非 static,则相对于浏览器窗口进行定位,但是此时元素会随着滚动条的滑动而滑动,如图 6-10 所示。

代码如下:

```
<!DOCTYPE html>
```

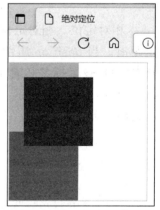

图 6-10　绝对定位

```html
<html lang="en">
<head>
    <meta charset="UTF-8">
    <meta http-equiv="X-UA-Compatible" content="IE=edge">
    <meta name="viewport" content="width=device-width, initial-scale=1.0">
    <title>绝对定位</title>
    <style>
        .box {
            width: 200px;
            border: solid gainsboro 1px;
        }
        .box1,
        .box2,
        .box3 {
            width: 100px;
            height: 100px;
        }
        .box1 {
            background-color: aqua;
        }
        .box2 {
            background-color: green;
            position: absolute;
            top: 30px;
            left: 30px;
        }
        .box3 {
            background-color: red;
        }
    </style>
</head>
<body>
    <div class="box">
        <div class="box1"></div>
        <div class="box2"></div>
        <div class="box3"></div>
    </div>
</body>
</html>
```

④ 固定定位。生成绝对定位的标签,相对于浏览器窗口进行定位,此时元素不会随着滚动条的滑动而滑动。元素通过 left、top、right 以及 bottom 属性进行定位,如图 6-11 所示。

代码如下:

```
<!DOCTYPE html>
```

图 6-11　固定定位

```
<html lang="en">
<head>
    <meta charset="UTF-8">
    <meta http-equiv="X-UA-Compatible" content="IE=edge">
    <meta name="viewport" content="width=device-width, initial-scale=1.0">
    <title>固定定位</title>
    <style>
        .box {
            width: 200px;
            border: solid gainsboro 1px;
        }
        .box1,
        .box2,
        .box3 {
            width: 100px;
            height: 100px;
        }
        .box1 {
            background-color: aqua;
        }
        .box2 {
            background-color: green;
            position: fixed;
            top: 30px;
            left: 30px;
        }
        .box3 {
            background-color: red;
        }
    </style>
</head>
<body>
    <div class="box">
        <div class="box1"></div>
        <div class="box2"></div>
        <div class="box3"></div>
    </div>
```

```
</body>
</html>
```

position 为 fixed 的 DIV 是相对于浏览器窗口进行定位的,被拖到图 6-10 页面中的滚动条用来滚动显示内容,此时标签不会随着滚动条的滑动而移动。

4. XHTML+CSS 布局

DIV 标签本身没有任何表现属性,如果要使 DIV 标签显示某种效果,则需为 DIV 标签定义 CSS 样式。

1) XHTML+CSS 布局特点

XHTML+CSS 是 Web 设计标准,它是一种网页的布局方法。与传统中通过表格(table)布局定位的方式不同,它可以实现网页页面内容与表现相分离。提及 XHTML+CSS 组合,还要从 XHTML 说起。XHTML 是一种在 HTML 基础上优化和改进的新语言,目的是基于 XML 应用与强大的数据转换能力,适应未来网络应用更多的需求,标准的叫法应是 XHTML+CSS。DIV 与 Table 都是 XHTML 或 HTML 语言中的一个标签,而 CSS 只是一种表现形式。

2) 布局结构

布局结构包括以下六类。

(1) 单列结构。这是网页布局的基础,是最简单的布局形式。居中是通过设置 CSS 样式来实现的,效果如图 6-12 所示。

图 6-12 单列结构(宽度居中)效果图

代码如下:

```
#content
{   background-color:#f00;
    margin-left: auto;
    margin-right: auto;
    height:100px;
    width: 600px;
    margin-top: 30px;
}
```

(2) 上下结构。这就是常见的两行一列结构,通常第一行是标题,第二行是内容,结构与一列类似,不过多了一个 DIV 标签和 CSS 样式。这类结构多见于文学类网页,效果如图 6-13 所示。

代码如下:

```
#content-top{
    background-color:#F00;
    margin-left:auto;
```

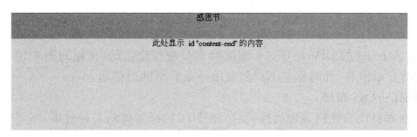

图 6-13 二行一列(宽度居中)效果图

```
    margin-right:auto;
    width:800px;
    height:50px;
}
#content-end{
    background-color:#6C9;
    margin-left:auto;
    margin-right:auto;
    width:800px;
    height:500px;
}
```

(3) 二列结构。二列式布局与单列布局很相似,不同的是 DIV 嵌套结构,最终页面效果如图 6-14 所示。

图 6-14 二列结构页面效果

HTML 结构的代码如下：

```
<body>
    <div id="main">
        <div id="mainleft" style="float: left;">左区块：左浮动、宽度固定</div>
```

```html
        <div id="mainright" style="float: left;">右区块：左浮动、宽度固定</div>
    </div>
    <div id="main">
        <div id="mainleft" style="float: left;">左区块：左浮动、宽度固定</div>
        <div id="mainright" style="float: right;">右区块：右浮动、宽度固定</div>
    </div>
    <div id="main">
        <div id="mainleft" style="float: left;margin-right: 10px;">左区块：左浮动、宽度固定、右边界10px</div>
        <div id="mainright" style="float: left;">右区块：左浮动、宽度固定</div>
    </div>
    <div id="main">
        <div id="mainleft" style="float: left;width: 30%;">左区块：左浮动、宽度自适应</div>
        <div id="mainright" style="float: left;width: 59%;margin-left: 10px;">右区块：左浮动、宽度自适应、左边界10px</div>
    </div>
</body>
```

CSS 样式代码如下：

```css
<style>
    body{
        font-size: 12px;
        margin: 20px;
    }
    #main{
        width: 450px;
        height: 80px;
        padding: 5px;
        margin-right: auto;
        margin-left: auto;
        margin-bottom: 10px;
        border: 5px solid #fcc;
    }
    #mainleft{
        width: 280px;
        height: 60px;
        border: 10px solid #fc0;
        background-color: #c9f;
    }
    #mainright{
        width: 280px;
        height: 60px;
        border: 10px solid #fc0;
        background-color: #c9f;
```

```
        }
    </style>
```

（4）三列结构。三列式布局与二列布局很类似，不同的是 DIV 嵌套结构不同，最终页面效果如图 6-15 所示。

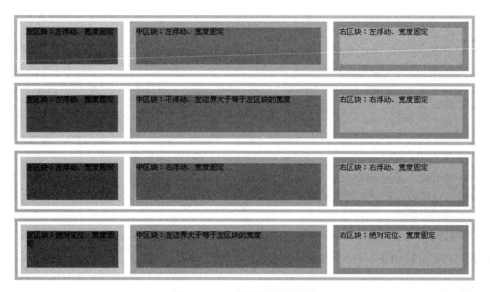

图 6-15　三列结构页面效果

HTML 代码如下：

```
<div class="main">
    <div class="mainleft" style="float: left;">左区块：左浮动、宽度固定</div>
    <div class="maincenter" style="float: left;">中区块：左浮动、宽度固定</div>
    <div class="mainright" style="float: left;">右区块：左浮动、宽度固定</div>
</div>
<div class="main">
    <div class="mainleft" style="float: left;">左区块：左浮动、宽度固定</div>
    <div class="mainright" style="float: right;">右区块：左浮动、宽度固定</div>
    <div class="maincenter" style="margin-left: 180px;">中区块：不浮动、左边界大于
        等于左区块的宽度</div>
</div>
<div class="main">
    <div class="contain" style="float: left;">左区块：左浮动、宽度固定</div>
    <div class="maincenter" style="float: right;">中区块：左浮动、宽度固定</div>
    <div class="mainright" style="float: right;">右区块：左浮动、宽度固定</div>
</div>
<div class="main" style="position: relative;">
    <div class="mainleft" style="position: absolute;top:5px;left: 5px;">左区块：
        绝对定位、宽度固定</div>
    <div class="mainright" style="position: absolute;top:5px;right: 5px;">右区
        块：绝对定位、宽度固定</div>
```

```
    <div class="maincenter" style="margin-left: 180px;">中区块：左边界大于等于左
    区块的宽度</div>
</div>
```

CSS 样式代码如下：

```
body {
    font-size: 12px;
    margin: 20px;
}
    .main {
    width: 730px;
    height: 80px;
    padding: 5px;
    margin-right: auto;
    margin-left: auto;
    margin-bottom: 10px;
    border: 5px solid #fcc;
}
.mainleft {
    width: 150px;
    height: 60px;
    border: 10px solid #fc0;
    background-color: #99f;
}
.maincenter{
    width: 300px;
    height: 60px;
    margin-right: 10px;
    margin-left: 10px;
    border: 10px solid #fc0;
    background-color: #c9f;
}
.mainright {
    width: 200px;
    height: 60px;
    border: 10px solid #cc0;
    background-color: #fc9;
}
.contain{
    width: 510px;
    height: 80px;
}
```

（5）多列结构。多列式布局与二列布局很相似，不同的是 DIV 嵌套结构不同，最终页面效果如图 6-16 所示。

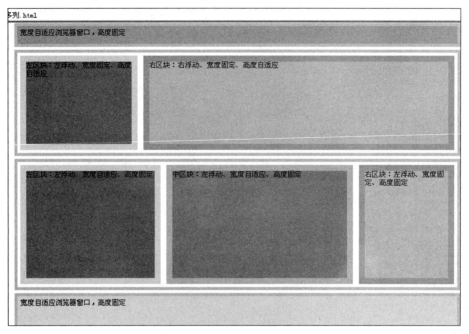

图 6-16　多列结构页面效果

HTML 代码如下：

```
<div class="main" style="height: 20px;background-color:#cc9;">宽度自适应浏览器窗口,高度固定</div>
    <div class="main" style="height: 30%;">
        <div class="mainleft" style="float: left;width: 180px;height: 90%;">左区块：左浮动、宽度固定、高度自适应</div>
        <div class="mainright" style="float: right;width: 500px;height: 90%;">右区块：右浮动、宽度固定、高度自适应</div>
    </div>
    <div class="main" style="height: 200px;">
        <div class="mainleft" style="float: left;width: 30%;height: 180px;">左区块：左浮动、宽度自适应、高度固定</div>
        <div class="maincenter" style="float: left;width: 40%;height: 180px;">中区块：左浮动、宽度自适应、高度固定</div>
        <div class="mainright" style="float: left;width: 139px;height: 180px;">右区块：左浮动、宽度固定、高度固定</div>
    </div>
    <div class="main" style="height: 50px;background-color: #cf9;">宽度自适应浏览器窗口、高度固定</div>
```

CSS 样式代码如下：

```
<style>
    html,body {
```

```
            height: 100%;
            font-size: 12px;
            margin: 10px;
        }
        .main {
            width: 730px;
            padding: 5px;
            margin-right: auto;
            margin-left: auto;
            margin-bottom: 10px;
            border: 5px solid #fcc;
        }
        .mainleft {
            border: 10px solid #fc0;
            background-color: #99f;
        }
        .maincenter {
            margin-right: 10px;
            margin-left: 10px;
            border: 10px solid #fc0;
            background-color: #c9f;
        }
        .mainright {
            border: 10px solid #cc0;
            background-color: #fc9;
        }
</style>
```

（6）混合结构。混合结构就是不同的 DIV 嵌套结构，最终页面效果如图 6-17 所示。

图 6-17 混合结构页面效果

HTML 代码如下：

```
<div id="box">
    <div id="gap">
```

```html
        <div id="main">
            <p>大家好!我是CSS混合布局,嘿嘿!</p>
            <p> </p>
            <p> </p>
            <p> </p>
            <p> </p>
            <p> </p>
        </div>
    </div>
    <div id="mainleft">左栏</div>
    <div id="mainright">右栏</div>
    <p> </p>
    <p> </p>
    <p> </p>
    <p> </p>
    <p> </p>
    <p> </p>
    <p> </p>
    <div id="footer">网页底部</div>
</div>
```

CSS样式代码如下:

```css
#box {
    width: 800px;
    margin-right: auto;
    margin-left: auto;
    padding: 0px;
    color: #000;
    background-color: #fcc;
}
#gap {
    padding-left: 150px;
}
#main {
    position: absolute;
    width: 500px;
    margin-right: auto;
    margin-left: auto;
    padding: 0px;
    background-color: #99f;
    color: #000;
}
#mainleft {
    float: left;
    background: #6cc;
    width: 140px;
```

```css
    height: 30px;
    color: #000;
}
#mainright {
    float: right;
    background: #6cc;
    width: 140px;
    height: 30px;
    color: #000;
}
#footer {
    clear: both;
    background: #cf9;
    height: 50px;
    color: #000;
}
```

提示：具体用哪类结构，要依据网站的主题来决定。

3）XHTML+CSS 布局优势

（1）精简代码，减少重构难度

网站使用 XHTML+CSS 布局使代码十分精简。CSS 文件可以在网站的任意一个页面进行调用，如果使用 Table 标签修改部分页面却很麻烦。如果是一个门户网站，则需手动修改很多页面，而且表格也很乱，但是使用 CSS+DIV 布局则只需修改 CSS 文件中的部分代码即可。

（2）网页访问速度

使用 XHTML+CSS 布局的网页与 Table 标签布局比较，精简了许多页面代码，所以访问速度得到提升，也提升了网站的用户体验度。

（3）SEO 优化

采用 XHTML+CSS 布局的网站对于搜索引擎很友好，避免了 Table 标签嵌套层次过多而无法被搜索引擎抓取的问题，而且简洁、结构化的代码会突出重点，也适合搜索引擎抓取。

（4）提升浏览器兼容性

若使用 Table 标签布局网页，在使用不同浏览器时会发生错位，而 XHTML+CSS 则不会发生这种情况，无论用什么浏览器，网页都不会出现变形。

任务 6.2　制作珠海航空展首页

任务描述

通过设置 XHTML+CSS 布局完成"珠海航空展"的首页，本任务是采用多列结构形式页面布局，如图 6-18 所示。

任务 6.2 制作珠海航空展首页—header.mp4

任务 6.2 制作珠海航空展首页—4.mp4

任务 6.2 制作珠海航空展首页—政策公告.mp4

任务 6.2 制作珠海航空展首页—footer.mp4

任务 6.2 制作珠海航空展首页—资讯.mp4

任务 6.2 制作珠海航空展首页—header（轮播图）.mp4

图 6-18 珠海航展首页效果

任务实现

新建网页文档保存在当前文件夹中，并命名为 index，在该页面中设置每个板块，整个页面外观版面化布局如图 6-19 所示。

```
▶<div class="container-fluid header">…</div>
▶<div class="container-fluid menubox">…</div>
▶<div class="container-fluid">…</div>
▶<div class="container">…</div>
▶<div class="container-fluid bg10">…</div>
▶<div class="container">…</div>
▶<div class="container">…</div>
▶<div class="container-fluid footerbox">…</div>
```

图 6-19 版面化布局

1. header 部分

新建 CSS 文件并用 comm.css 文件名保存。在 comm.css 中创建以下 CSS 样式：

```
body{
    min-width:1900px;
}
.header {
    padding-bottom: 50px;
    background-image: url(../img/bg3.png), url(../img/bg2.png), url(../img/bg1.png);
    background-repeat: no-repeat;
    background-position-x: 80%, 63%, right;
    background-position-y: 30px, 40px, -45px;
}
.logo {
    padding: 35px 0px;
}
.sectiontitle {
    color: #3786C8;
    font-size: 28px;
    font-weight: lighter;
    text-align: center;
    position: relative;
    line-height: 28px;
    margin: 30px;
}
.sectiontitle::before {
    content: "";
    display: block;
    border-top: 1px solid #3786C8;
    width: 43%;
    position: absolute;
    top: 15px;
    left: -30px;
}
.sectiontitle::after {
    content: "";
```

```css
    display: block;
    border-top: 1px solid #3786C8;
    width: 43%;
    position: absolute;
    top: 15px;
    right: -30px;
}
.mapbox {
    background-color: #BCE6FF;
    box-shadow: inset 0px 0px 8px rgba(0, 0, 0, .3);
    min-height: 400px;
    display: flex;
}
.QAbox {
    height: 50px;
    background-image: linear-gradient(to right, #0077A6, #00A0A8 50%);
    border-radius: 25px;
    display: flex;
    box-shadow: 0px 3px 3px rgba(0, 0, 0, .3);
}
.QAbox>div {
    flex: 1;
    font-size: 18px;
    text-indent: 1em;
    line-height: 50px;
    color: white;
}
.QAbox>div>span {
    font-size: 24px;
    position: relative;
    top: 3px;
}
.QAbox>div:last-child {
    background-image: linear-gradient(to right, #FFB300, #FF9900);
    border-radius: 25px;
    box-shadow: -3px 0px 3px rgba(0, 0, 0, .3);
}
.footerbox {
    background-image: url(../img/footerbg.png);
    background-position: center bottom;
    min-height: 445px;
    margin-top: 30px;
}
.footer1 {
    height: 185px;
    background-color: rgba(41, 77, 161, 0.7);
}
.footer2 {
```

```css
    height: 260px;
    background-color: rgba(10, 37, 99, 0.8);
}
.footmenu {
    display: flex;
    padding: 30px 0px;
    margin: 0;
    list-style-type: none;
}
.footmenu>li {
    flex: 1;
    font-size: 16px;
    text-align: center;
}
.footmenu>li>a {
    color: white;
}
```

用同样的方法创建其他 CSS 样式,并将这些文件放在 CSS 文件夹中。

在 index 页面中进行布局,源代码如下:

```html
<!DOCTYPE html>
<html lang="en">
<head>
    <meta charset="UTF-8">
    <meta http-equiv="X-UA-Compatible" content="IE=edge">
    <meta name="viewport" content="width=device-width, initial-scale=1.0">
    <title>珠海航展网</title>
    <link rel="stylesheet" href="assets/css/b.css">
    <link href="assets/css/iconfont.css" rel="stylesheet">
    <link href="assets/css/comm.css" rel="stylesheet">
    <link href="assets/css/menu.css" rel="stylesheet">
    <script src="assets/js/carousel.js"></script>
    <script src="assets/js/tab.js"></script>
    <script src="assets/js/message.js"></script>
    <script src="assets/js/countdown.js"></script>
    <script src="assets/js/slidedown.js"></script>
    <script src="assets/js/navigator.js"></script>
    <script src="assets/js/sponsor.js"></script>
    <script src="assets/js/map.js"></script>
</head>
<body>
    <div class="container-fluid header">
        <div class="container">
            <div class="logo"><img src="assets/img/logo.png"></div>
        </div>
    </div>
```

```html
<div class="container-fluid menubox">
    <div class="container menu">
        <ul style="position: relative;">
            <li><a href="#">首 页</a></li>
            <li onmouseover="liOver(this)" onmouseout="liOut(this)"><a href="#">逐梦航天</a>
                <div class="arrow"></div>
                <div class="secondbox" style="left: -130px;">
                    <h3>逐梦航天</h3>
                    <ul class="secondmenu">
                        <li><a href="knowledge.html">航天知识</a></li>
                        <li><a href="story.html">航天故事</a></li>
                        <li><a href="character.html">航天人物</a></li>
                        <li><a href="#">权威解读</a></li>
                    </ul>
                    <div style="flex:1;"></div>
                    <img src="assets/img/201805301811173360.jpg" height="120">
                </div>
            </li>
            <li onmouseover="liOver(this)" onmouseout="liOut(this)"><a href="#">航空展览</a>
                <div class="arrow"></div>
                <div class="secondbox" style="left: -241.5px;">
                    <h3>中国航展</h3>
                    <ul class="secondmenu">
                        <li><a href="#">参展须知</a></li>
                        <li><a href="#">我要参展</a></li>
                        <li><a href="#">展商服务</a></li>
                        <li><a href="#">飞机清单</a></li>
                        <li><a href="#">展商介绍</a></li>
                        <li><a href="#">资源下载</a></li>
                    </ul>
                    <div style="flex:1;"></div>
                    <img src="assets/img/202003301711262727.jpg" height="120">
                </div>
            </li>
            <li onmouseover="liOver(this)" onmouseout="liOut(this)"><a href="#">精彩图集</a>
                <div class="arrow"></div>
                <div class="secondbox" style="left: -353px;">
                    <h3>精彩图集</h3>
                    <ul class="secondmenu">
                        <li><a href="#">图解航天</a></li>
```

```html
            <li><a href="pictureTable.html">航展图片</a></li>
            <li><a href="#">视频点播</a></li>
            <li><a href="#">专题专栏</a></li>
        </ul>
        <div style="flex:1;"></div>
        <img src="assets/img/202003301714520157.jpg" height="120">
    </div>
</li>
<li onmouseover="liOver(this)" onmouseout="liOut(this)"><a href="#">新闻媒体</a>
    <div class="arrow"></div>
    <div class="secondbox" style="left:-464.5px;">
        <h3>新闻媒体</h3>
        <ul class="secondmenu">
            <li><a href="newsList.html">航展新闻</a></li>
            <li><a href="anewsList.html" target="_blank">航展新闻</a></li>
            <li><a href="#">采访须知</a></li>
            <li><a href="#">联系方式</a></li>
        </ul>
        <div style="flex:1;"></div>
        <img src="assets/img/news-title.jpg" height="120">
    </div>
</li>
<li><a href="information.html">信息发布</a></li>
<li><a href="interaction.html">互动交流</a></li>
    </ul>
    <script>
        dNone();
    </script>
    <div class="input-group searchbox">
        <input type="text" class="form-control" id="exampleInputAmount" placeholder="Search">
        <span class="input-group-btn">
            <button type="button" class="btn btn-warning"><span
                class="glyphicon glyphicon-search"></span></button>
        </span>
    </div>
    <ol>
        <li><a href="#">登录</a></li>
        <li><a href="register.html">注册</a></li>
    </ol>
    </div>
</div>
```

```html
<div class="container-fluid">
    <div id="carousel-id" class="carousel slide" data-ride="carousel" style
    ="box-shadow: 0px 3px 3px gray;">
        <ol class="carousel-indicators">
            <li class="active" onclick="indicatorsClick('0')"></li>
            <li class="" onclick="indicatorsClick('1')"></li>
            <li class="" onclick="indicatorsClick('2')"></li>
        </ol>
        <div class="carousel-inner-out">
            <ul class="carousel-inner">
                <li><img Alt="First slide" src="assets/img/banner1.jpg"></
                li>
                <li><img Alt="First slide" src="assets/img/banner2.jpg"></
                li>
                <li><img Alt="First slide" src="assets/img/banner3.jpg"></
                li>
            </ul>
        </div>
        <a class="left carousel-control" href="javascript:void(0)" onclick
        ="prev()"><span
            class="glyphicon glyphicon-chevron-left"></span></a>
        <a class="right carousel-control" href="javascript:void(0)" onclick
        ="next()"><span
            class="glyphicon glyphicon-chevron-right"></span></a>
    </div>
</div>
</body>
</html>
```

保存 index 网页文档。header 页面效果如图 6-20 所示。

图 6-20 header 页面效果

2. container 部分

该部分是首页的主干区域，分开幕时间提醒、航天动态、展区地图、合作团体及建议和意

见五个部分,源代码如下:

```html
<div class="container">
    <div class="clockbox">
        <div class="note">
            <div class="notetitle" style="white-space: nowrap;"><span class="iconfont icon-paperairplane" style="font-size: 22px;"></span>政策公告
            </div>
            <ul class="notelist">
                <li><a href="#">关于征集 2020 年"中国航天日"宣传海报的通知</a></li>
                <li><a href="#">纪念"东方红一号"卫星成功发射五十周年作品征集和评选活动启事</a></li>
                <li><a href="#">关于发布 2019 年"中国航天日"宣传海报的通知</a></li>
            </ul>
        </div>
        <div class="clock" style="display: flex;">
            <div class="clocktitle">
                <div style="font-size:24px">中国国际航展开幕</div>
                <div style="font-size:18px;">AIRSHOW CHINA OPEN</div>
            </div>
            <div class="countdown">
                <div class="countdown-box s1"></div>
                <div class="countdown-box s2"></div>
                <div class="countdown-box s3"></div>
                <p class="get-day"></p>
                <span>天</span>
            </div>
            <script>
                countdown();
            </script>
        </div>
    </div>
</div>
<div class="container-fluid bg10">
    <div class="container box2">
        <ul class="nav-tab1-ul" id="tab1">
            <li class="redtab" onmouseover="toTab(this)"><span class="iconfont icon-Plane-Front" style="font-size: 1.5em; top: 8px; position: relative;"></span>航天资讯</li>
            <li style="color:#02B4B4;" onmouseover="toTab(this)"><span class="iconfont icon-plane" style="font-size: 1.3em;"></span>行业动态</li>
            <li style="color: #ffa200;" onmouseover="toTab(this)"><span class="iconfont icon-plane-trip-international1"></span>媒体报道</li>
```

```html
            <div class="triangle"></div>
        </ul>
        <div id="con1">
            <div class="nav-tab1-div" style="display: block;">
                <div class="col-sm-4 col-xs-6">
                    <a href="#" class="newsItem">
                        <div class="newsDate">06-20 <span>2019</span></div>
                        <div class="title_img"><img src="assets/img/pic_6809672.jpg"></div>
                        <h3>第十三届中国航展各项筹备工作正有序推进</h3>
                    </a>
                </div>
                <div class="col-sm-4 col-xs-6">
                    <a href="#" class="newsItem">
                        <div class="newsDate">06-20 <span>2019</span></div>
                        <div class="title_img"><img src="assets/img/pic_6809629.jpg"></div>
                        <h3>我国成功发射高分九号02星 搭载发射和德四号卫星</h3>
                    </a>
                </div>
                <div class="col-sm-4 col-xs-6">
                    <a href="#" class="newsItem">
                        <div class="newsDate">06-20 <span>2019</span></div>
                        <div class="title_img"><img src="assets/img/pic_6809664.jpg"></div>
                        <h3>我国成功发射海洋一号D星</h3>
                    </a>
                </div>
                <a href="#" class="more" style="clear: both;">+ MORE</a>
            </div>
            <div class="nav-tab1-div">
                <div class="col-sm-4 col-xs-6">
                    <a href="#" class="newsItem">
                        <div class="newsDate">06-20 <span>2019</span></div>
                        <div class="title_img"><img src="assets/img/202003301714354607.jpg"></div>
                        <h3>壮丽70年,奋进会展新时代 ——举行"不忘初心,牢记使命"主题教育活动</h3>
                    </a>
                </div>
                <div class="col-sm-4 col-xs-6">
                    <a href="perform.html" class="newsItem">
                        <div class="newsDate">06-20 <span>2019</span></div>
                        <div class="title_img"><img src="assets/img/201805301811145817.jpg"></div>
```

```html
            <h3>激动人心!歼-20、"八一"、"红鹰"……酷炫的飞行表演都在这里!
            </h3>
        </a>
    </div>
    <div class="col-sm-4 col-xs-6">
        <a href="#" class="newsItem">
            <div class="newsDate">06-20 <span>2019</span></div>
            <div class="title_img"><img src="assets/img/2018053018 11155313.jpg"></div>
            <h3>中国航展各项筹备工作正有序推进</h3>
        </a>
    </div>
    <a href="#" class="more" style="clear: both;">+ MORE</a>
</div>
<div class="nav-tab1-div">
    <div class="col-sm-4 col-xs-6">
        <a href="#" class="newsItem">
            <div class="newsDate">06-20 <span>2019</span></div>
            <div class="title_img"><img src="assets/img/pic_6805174.jpg"></div>
            <h3>嫦娥四号着陆器地形地貌相机对玉兔二号巡视器成像</h3>
        </a>
    </div>
    <div class="col-sm-4 col-xs-6">
        <a href="#" class="newsItem">
            <div class="newsDate">06-20 <span>2019</span></div>
            <div class="title_img"><img src="assets/img/pic_6805175.jpg"></div>
            <h3>玉兔二号巡视器全景相机对嫦娥四号着陆器成像</h3>
        </a>
    </div>
    <div class="col-sm-4 col-xs-6">
        <a href="#" class="newsItem">
            <div class="newsDate">06-20 <span>2019</span></div>
            <div class="title_img"><img src="assets/img/pic_6799620.jpg"></div>
            <h3>中国高度·航天员太空摄影作品</h3>
        </a>
    </div>
    <a href="#" class="more" style="clear: both;">+ MORE</a>
        </div>
    </div>
</div>
<div class="container">
```

```html
<h1 class="sectiontitle"><span class="iconfont icon-plane1" style="font-size: 1.3em;"></span>展区地图</h1>
<div class="mapbox">
    <div style="width:1025px;margin: auto;position: relative;">
        <div id="obj" onmouseover="objO()" onmousemove="objM()" onmouseout="objOut()">
            <img id="leftImg" src="assets/img/smallmap.png" Alt="">
            <div id="drag"></div>
        </div>
        <div id="rightShow">
            <img id="rightImg" src="assets/img/bigmap.jpg" Alt="">
        </div>
    </div>
</div>
</div>
<div class="container">
    <h1 class="sectiontitle"><span class="iconfont icon-plane1" style="font-size: 1.3em;"></span>合作团体</h1>
    <div class="sponsorbox">
        <h3>官方合作伙伴</h3>
        <ul class="linkList">
            <li class="first">
                <div class="pic">
                    <a title="交通银行" href="/Item/12247.aspx" target="_blank">
                    <img src="http://www.airshow.com.cn/UploadFiles/FriendSite/2018/10/201810051736023266_190_60.jpg"></a><em></em>
                </div>
            </li>
            <li>
                <div class="pic">
                    <a title="贵州习酒" href="/Item/12377.aspx" target="_blank">
                    <img src="http://www.airshow.com.cn/UploadFiles/FriendSite/2018/8/201808211022021187_190_60.jpg"></a><em></em>
                </div>
            </li>
            <li class="last">
                <div class="pic">
                    <a title="四川九洲北斗导航与位置服务有限公司" href="/Item/12443.aspx" target="_blank"><img src="http://www.airshow.com.cn/UploadFiles/FriendSite/2018/10/201810051712537097_190_60.jpg"></a><em></em>
                </div>
            </li>
        </ul>
        <h3>特约服务商</h3>
```

```html
<ul class="linkList">
    <li class="first">
        <div class="pic">
            <a title="交通银行" href="/Item/12394.aspx" target="_blank">
            <img src="http://www.airshow.com.cn/UploadFiles/FriendSite/
            2018/8/201808211753284233_190_60.jpg"></a><em></em>
        </div>
    </li>
    <li>
        <div class="pic">
            <a title="维达国际控股有限公司" href="/Item/12378.aspx" target
            ="_blank"><img src="http://www.airshow.com.cn/UploadFiles/
            FriendSite/2018/8/201808211024539990_190_60.jpg"></a><em></
            em>
        </div>
    </li>
    <li>
        <div class="pic">
            <a title="中国邮政集团公司珠海市分公司" href="/Item/12444.
            aspx" target="_blank"><img src="http://www.airshow.com.cn/
            UploadFiles/FriendSite/2018/10/201810051719565745_190_60.
            jpg"></a><em></em>
        </div>
    </li>
    <li>
        <div class="pic">
            <a title="VV租行" href="/Item/12379.aspx" target="_blank"><
            img src="http://www.airshow.com.cn/UploadFiles/FriendSite/
            2018/8/201808211025469356_190_60.jpg"></a><em></em>
        </div>
    </li>
    <li class="last">
        <div class="pic">
            <a title="电信" href="/Item/12475.aspx" target="_blank"><img
            src="http://www.airshow.com.cn/UploadFiles/FriendSite/2018/
            10/201810292120286129_190_60.jpg"></a><em></em>
        </div>
    </li>
</ul>
<h3>特约产品</h3>
<ul class="linkList">
    <li class="first">
        <div class="pic">
            <a title="贵州习酒" href="/Item/12384.aspx" target="_blank">
            <img src="http://www.airshow.com.cn/UploadFiles/FriendSite/
```

```html
                2018/8/201808211658111481_190_60.jpg"></a><em></em>
            </div>
        </li>
        <li>
            <div class="pic">
                <a title="华为广东终端业务部" href="/Item/12445.aspx" target="_blank">< img src="http://www.airshow.com.cn/UploadFiles/FriendSite/2018/10/201810051725530128_190_60.jpg"></a><em>
                </em>
            </div>
        </li>
        <li>
            <div class="pic">
                <a title="青岛啤酒" href="/Item/12407.aspx" target="_blank">
                < img src="http://www.airshow.com.cn/UploadFiles/FriendSite/2018/9/201809091606192770_190_60.jpg"></a><em></em>
            </div>
        </li>
        <li>
            <div class="pic">
                <a title="维达国际控股有限公司" href="/Item/12385.aspx" target="_blank">< img src="http://www.airshow.com.cn/UploadFiles/FriendSite/2018/8/201808211659078674_190_60.jpg"></a><em></em>
            </div>
        </li>
        <li>
            <div class="pic">
                <a title="丽日帐篷" href="/Item/12408.aspx" target="_blank">
                < img src="http://www.airshow.com.cn/UploadFiles/FriendSite/2018/9/201809091608173912_190_60.jpg"></a><em></em>
            </div>
        </li>
        <li>
            <div class="pic">
                <a title="丽日帐篷" href="/Item/12410.aspx" target="_blank">
                < img src="http://www.airshow.com.cn/UploadFiles/FriendSite/2018/9/201809091612528272_190_60.jpg"></a><em></em>
            </div>
        </li>
        <li>
            <div class="pic">
                <a title="墨轩居" href="/Item/12411.aspx" target="_blank"><
```

```html
            img src="http://www.airshow.com.cn/UploadFiles/FriendSite/
            2018/9/201809091613391515_190_60.jpg"></a><em></em>
        </div>
    </li>
    <li>
        <div class="pic">
            <a title="中冶置业" href="/Item/12464.aspx" target="_blank">
            <img src="http://www.airshow.com.cn/UploadFiles/FriendSite/
            2018/10/201810101933156984_190_60.jpg"></a><em></em>
        </div>
    </li>
    <li>
        <div class="pic">
            <a title="横琴创发" href="/Item/12465.aspx" target="_blank">
            <img src="http://www.airshow.com.cn/UploadFiles/FriendSite/
            2018/10/201810122226225772_190_60.jpg"></a><em></em>
        </div>
    </li>
    <li class="last">
        <div class="pic">
            <a title="战马" href="/Item/12476.aspx" target="_blank"><img
            src="http://www.airshow.com.cn/UploadFiles/FriendSite/2018/
            10/201810292125060005_190_60.jpg"></a><em></em>
        </div>
    </li>
</ul>
<h3>合作媒体</h3>
<ul class="linkList">
    <li class="first">
        <div class="pic">
            <a title="中国航空新闻网" href="#" target="_blank"><img src="
            http://www.airshow.com.cn/UploadFiles/FriendSite/2018/8/
            201808211709292435_190_60.jpg"></a><em></em>
        </div>
    </li>
    <li>
        <div class="pic">
            <a title="中国航空报社" href="#" target="_blank"><img src="
            http://www.airshow.com.cn/UploadFiles/FriendSite/2018/8/
            201808211709148053_190_60.jpg"></a><em></em>
        </div>
    </li>
    <li>
```

```html
                <div class="pic">
                    <a title="看航空" href="#" target="_blank"><img src="http://www.airshow.com.cn/UploadFiles/FriendSite/2018/8/201808211708277095_190_60.jpg"></a><em></em>
                </div>
            </li>
            <li class="last">
                <div class="pic">
                    <a title="航展新闻" href="/Item/12390.aspx" target="_blank">
                    <img src="http://www.airshow.com.cn/UploadFiles/FriendSite/2018/8/201808211708075980_190_60.jpg"></a><em></em>
                </div>
            </li>
        </ul>
    </div>
    <button class="more" style="clear: both; width: 130px; background-color: transparent;" id="openBTN" onclick="showSponsor()">展开 | MORE</button>
    <button class="more" style="clear: both; width: 130px; background-color: transparent;display: none;" id="closeBTN" onclick="hideSponsor()">收起 | LESS</button>
</div>
<div class="container">
    <div class="QAbox">
        <div class="QA"><span class="iconfont icon-V"></span>意见征集</div>
        <div class="message"><span class="iconfont icon-liuyanguanli"></span>咨询建议</div>
    </div>
    <div class="row">
        <div class="col-sm-6">
            <div class="QAslider">
                <ul class="Accordion">
                    <li onclick="slideC(this)">
                        <h5>Q: 2018年"中国航天日"宣传海报发布<span>&gt;</span></h5>
                        <div>
                            <p>2018年4月24日是第三个"中国航天日",今年的"中国航天日"活动以"共筑航天新时代"为主题。4月19日,国家国防科技工业局、国家航天局召开新闻发布会,正式发布2018年"中国航天日"宣传海报。
                            </p>
                        </div>
                    </li>
```

```html
<li onclick="slideC(this)">
    <h5>Q：2018年"中国航天日"海报征集活动正式启动<span>&gt;</span></h5>
    <div>
        <p>2018年4月24日是第三个"中国航天日"。今年的"中国航天日"活动以"共筑航天新时代"为主题。为配合"中国航天日"系列活动开展，国家国防科技工业局、国家航天局面向社会公开征集2018年中国航天日宣传海报。
        </p>
    </div>
</li>
<li onclick="slideC(this)">
    <h5>Q：关于延长2018年"中国航天日"宣传海报征集活动时间的通知<span>&gt;</span></h5>
    <div>
        <p>2018年4月24日是第三个"中国航天日"。今年的"中国航天日"活动以"共筑航天新时代"为主题。为配合"中国航天日"系列活动开展，国家国防科技工业局、国家航天局面向社会公开征集2018年中国航天日宣传海报。
        </p>
    </div>
</li>
<li onclick="slideC(this)">
    <h5>Q：关于延长2017年"中国航天日"宣传海报征集活动时间的通知<span>&gt;</span></h5>
    <div>
        <p>2017年4月24日是第二个"中国航天日"。在第二个"中国航天日"来临之际，国防科工局、国家航天局面向社会组织开展宣传海报征集活动。</p>
    </div>
</li>
<li onclick="slideC(this)">
    <h5>Q：2017年"中国航天日"海报征集活动正式启动<span>&gt;</span></h5>
    <div>
        <p>2017年4月24日是第二个"中国航天日"。在第二个"中国航天日"来临之际，国防科工局、国家航天局面向社会组织开展宣传海报征集活动，旨在激发广大航天爱好者和专业设计人员的创作热情，动员社会公众积极参与2017年"中国航天日"活动。
        </p>
    </div>
</li>
<li onclick="slideC(this)">
    <h5>Q：有奖征集中国航天50年历程主题书名<span>&gt;</span></span>
```

```html
                </h5>
                <div>
                    <p>自1956年10月8日中国第一个导弹研究机构——国防部第
                    五研究院诞生,中国航天事业经历了从无到有,从小到大,逐步发展
                    壮大的艰苦卓绝历程,迄今已取得了举世瞩目的辉煌成就。为了见
                    证这段辉煌历程,讴歌"两弹一星"精神和载人航天精神,国防科工
                    委将主持编撰书籍"中国航天50年历程"(副题)。现向广大航天事
                    业工作者和社会各界热心读者征求该书主题书名。
                    </p>
                </div>
            </li>
        </ul>
    </div>
</div>
<div class="col-sm-6">
    <div class="messagebox">
        <ul class="messagelist">
            <li>逐梦航天,合作共赢</li>
            <li>拥抱星辰大海,弘扬航天精神</li>
            <li>同抒航展情,助力中国梦</li>
        </ul>
        <textarea name="" id="text" class="form-control" rows="3"
        required="required" onfocus="getFours()" onblur="loseFours()">你
        要说的话</textarea>
        <script>
            //保存当前文本框的值
            var vdefault =document.querySelector("#text").value;
            x();
        </script>
        <button type="submit" class="btn btn-warning btn-block" onclick
        ="subText()">提交</button>
    </div>
</div>
</div>
</div>
```

运行代码,在浏览器窗口查看效果,如图6-21所示。

3. footer部分

footer部分主要是一些版权信息,源代码如下:

```html
<div class="container-fluid footerbox">
    <div class="row footer1">
        <div class="container" style="text-align: center;padding-top:35px;">
            <img src="assets/img/logo-bottom.png">
            <p style="color:white;padding-top:20px;">Copyright @2018—2020
```

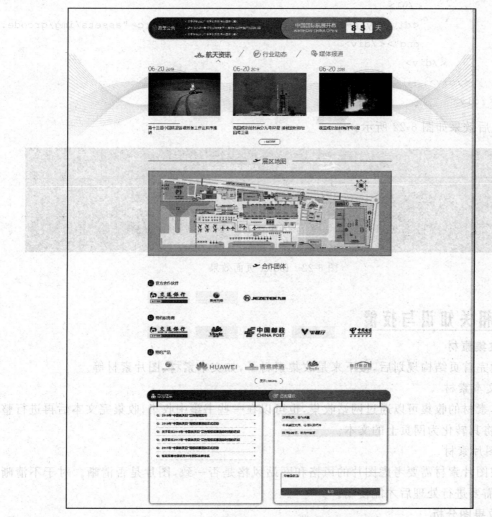

图 6-21 banner 页面效果

```
            航天航空网 All Rights Reserved. ICP备案号：国ICP备0000××××号
        </p>
    </div>
</div>
<div class="row footer2">
    <div class="container">
        <ul class="footmenu">
            <li><a href="#">首 页</a></li>
            <li><a href="#">逐梦航天</a></li>
            <li><a href="#">信息发布</a></li>
            <li><a href="#">新闻媒体</a></li>
            <li><a href="#">互动交流</a></li>
            <li><a href="#">航空展览</a></li>
            <li><a href="#">精彩图集</a></li>
```

```
        </ul>
        <div style="text-align: center;"><img src="assets/img/qrcode.
        png"></div>
      </div>
    </div>
  </div>
```

完成后效果如图 6-22 所示。

图 6-22 footer 页面效果

 相关知识与技能

1. 收集素材

在做完首页结构规划后,接下来是收集素材了,如文本素材、图片素材等。

1）文本素材

文本素材的收集可以通过网站收集,也可以在一些书籍中收集,收集完文本后再进行整理优化,将其转化为网页上的文本。

2）图片素材

搜集图片素材需要考虑图片的风格和网站风格是否一致,图片是否清晰。对于不清晰的图片,需要进行处理后才能使用。

2. 效果图分析

前期的准备工作完成后,根据项目需求可以设计首页效果图了。

1）HTML 结构分析

首页效果图包括头部、导航、banner、主体内容和版权信息 5 个模块,具体结构如图 6-22 所示。

2）CSS 样式分析

头部、导航和版权信息均有 CSS 样式,这些模块为通栏显示,需要将头部和版权信息最外层的盒子宽度设置为 100%,banner 图用的原始图宽度为 1920 像素。

学习任务工单

课前学习	课中学习	课后拓展学习
（1）完成微课视频和课件的学习。 （2）发帖讨论：网页布局需要哪些技术？遵循哪些标准？ （3）完成单元测试	设计布局珠海航展首页	（1）利用所学知识,完成"九寨沟旅游"首页设计,并上传至超星平台。 （2）将学习中遇到的问题发布在超星平台

小结

本项目通过介绍网页布局概述、DIV 标签和网页布局常用属性,运用 DIV+CSS 标签对珠海航展首页进行布局。

学习本项目后,读者能熟练运用 DIV+CSS 技术对页面进行布局。

思政一刻:中国神舟精神

中国航天人勇敢地肩负起攀登航天科技高峰的神圣使命,为了祖国的航天事业,淡泊名利,默默奉献,他们献出了青春年华,献出了聪明才智,献出了热血汗水,有的甚至献出了宝贵生命。他们用顽强的意志和杰出的智慧,将"一切为了祖国,一切为了成功"写在了浩瀚无垠的太空中。

榜样的力量是无穷的,榜样是旗帜,引领着我们前进。作为新时代的青年,应当自觉在航天精神中汲取榜样的力量,磨砺"吃得苦中苦"的品质,提振"不破楼兰终不还"的士气,铆足"偏向虎山行"的干劲,涵养"俯首甘为孺子牛"的品格,牢固树立不负人民的家国情怀,立志民族复兴,不负韶华,不负时代,不负人民,在青春的赛道上奋力奔跑,并跑出当代青年的最好成绩。

课后练习

一、单选题

1. 清除子元素浮动对父元素的影响,需要对(　　)应用"overflow:hidden;"样式。
   A. 浮动元素的父级元素　　　　　　B. 浮动元素本身
   C. 浮动元素子级元素　　　　　　　D. 空标记

2. 下列样式代码中,可以实现相对定位模式的是(　　)。
   A. position：static；　　　　　　　B. position：fixed；
   C. position：absolute；　　　　　　D. position：relative；

3. 下列关于相对定位的说法正确的是(　　)。
   A. 相对定位的元素不会脱离文档流
   B. left、right、top、bottom 属性与 margin 属性混合使用会产生累加效果
   C. 相对定位的元素不影响正常页面流中的其他元素
   D. 以上说法都正确

4. 下列样式代码中,可将元素的定位模式设置为固定定位的是(　　)。
   A. position:absolute;　　　　　　　B. position:static;
   C. position:fixed;　　　　　　　　D. position:relative;

5. 在 CSS 中,可以通过 float 属性为元素设置浮动,不属于 float 属性值的是(　　)。
   A. left　　　　B. center　　　　C. right　　　　D. none

二、操作题

1. 参照任务 6.1 和任务 6.2 练习页面布局。

2. 根据提供的素材,完成如图 6-23 所示的页面。

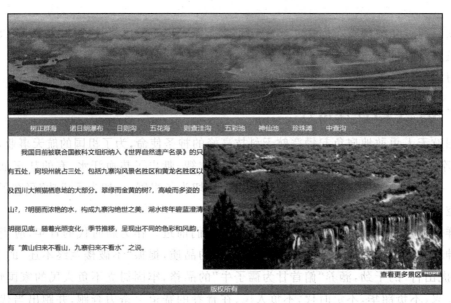

图 6-23　九寨沟旅游页面效果

项目 7　开发网上商城首页

  项目描述

在深入学习了前面的相关知识后，我们已经熟练掌握了 HTML 标签的使用，以及 CSS 样式的应用方法和属性，能够为网页进行设计排版和使用 CSS 样式对网页进行美化。为了加深和巩固所学到的知识，本项目将运用前面所学的基础知识，实际动手搭建网上商城网站的首页。

  知识目标

➢ 掌握网站规划的基本流程
➢ 熟悉网站静态页面的搭建技巧，完成项目首页的制作

☑ **职业能力目标**

➢ 能使用 HTML 和 CSS 解决项目开发中的实际问题
➢ 能灵活运用 Web 前端开发技术制作页面

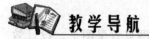

教学重点	网站的整体规划、电商类网站布局
教学难点	电商类网站的布局
推荐教学方式	讲授、项目教学、问题导向或讨论
推荐学时	8 学时
推荐学习方法	多动手操作，多看、多分析网上实际项目

任务 7.1　项目规划

📖 **任务描述**

在搭建网站之前，设计者需要对网站页面进行一个整体的设计规划，以确保网站开发的顺利进行。一般网站设计规划主要包括确定网站主题、规划网站结构、收集素材、设计网页效果图四个步骤。本任务将对这四个步骤进行讲解。

一般的企业网站都会根据自身的产品或者业务领域来确定网站的主题。本项目"GK

商城"是一个专门销售电子产品和家电产品的网上平台。因此,该网站的主题即以网站的业务领域来确定——网上商城类网站。那么网上商城类网站的定位应该着重于展示商品,以及推荐商品和方便用户查找与购买商品。下面将从该主题与定位出发进行网站的设计与规划。

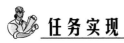**任务实现**

1. 规划网站结构

在对网站结构进行规划时,可以在草稿纸上或者 Word 上做好网站的结构设计。设计过程中要注意网站栏目之间的层级关系,还要考虑好网站后续的可扩充性,以确保网站在后期能够扩展功能和模块。

根据网站的主题和定位需求,对网站框架进行初步划分。如图 7-1 所示为"GK 商城"网站的部分栏目结构。

图 7-1 "GK 商城"部分栏目关系结构

任务 7.1 项目规划.mp4

在"GK 商城"网站结构中,首页在整个网站所占比重是比较大的,因此应该首先规划好首页的功能模块。设计首页时需有重点、有特色地概述网站的内容,使访问者快速了解网站的信息资源。那么在设计网站首页界面之前,可以先画出网站首页的原型图。原型图可以帮助我们快速完成网页结构并做好模块的分布。图 7-2 所示为"GK 商城"的原型图。

2. 设计网页效果图

根据前期的准备工作,明确项目设计需求后,接下来就可以设计网页效果图了。设计效果图可以在 Photoshop 或 Adobe XD 等设计软件完成。

3. 收集素材并建立站点目录

确定好设计效果图后,在开始制作网页前还需根据效果图收集所需要的图片与文本素材。图 7-3 所示为网站首页搜集的部分素材图片。

建立站点目录对于制作及维护一个网站很重要,它能够帮助设计者系统地管理网站文件。一个网站站点中,通常包含 HTML 网页文件、图片、CSS 样式表文件、JavaScript 文件等。我们在制作网页前,先建立站点文件夹,在站点文件夹中新建 CSS 文件夹、img 文件夹、js 文件夹。在站点文件夹下创建首页文件 index.html,在 CSS 文件夹中创建 index.css 样式表文件,把所需要素材图片放入 img 文件夹。本项目站点文件夹如图 7-4 所示。

相关知识与技能

为了使制作的网页有更好的兼容性并在开发的过程中提高效率,本项目调用了两个第三方开发资源包,具体如下。

(1) normalize.css 是一个可以定制的 CSS 文件,它让不同的浏览器在渲染网页元素时形式更统一。详情请参考网官 https://github.com/necolas/normalize.css。

项目 7　开发网上商城首页

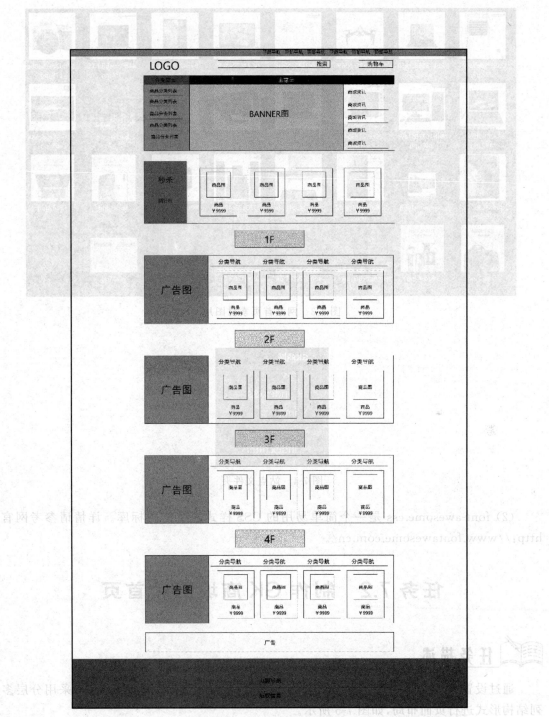

图 7-2 "GK 商城"原型图

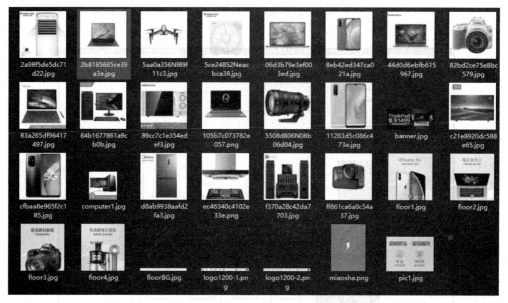

图 7-3　网站首页素材图片

图 7-4　站点文件夹

（2）font-awesome.css 是一个简单易用的 CSS 样式表字体图标库。详情请参考网官 http://www.fontawesome.com.cn/。

任务 7.2　制作 GK 商城网站首页

任务描述

通过设置 XHTML+CSS 浮动布局，完成"GK 商城"网站的首页。本任务采用分层多列结构形式进行页面布局，如图 7-5 所示。

任务实现

新建网页文档，保存在站点文件夹中，并命名为 index.html。在页面中预先设置各个模块，搭建页面基本的布局框架，具体代码（文件名为 index.html）如下。

项目 7 开发网上商城首页

图 7-5 GK 商城首页效果

```
1    <!DOCTYPE html>
2    <html lang="zh_cn">
3    <head>
4        <meta charset="UTF-8">
5        <meta http-equiv="X-UA-Compatible" content="IE=edge">
```

任务 7.2 制作 GK 商城网站首页 1.mp4

任务 7.2 制作 GK 商城网站首页 2.mp4

任务 7.2 制作 GK 商城网站首页 3.mp4

任务 7.2 制作 GK 商城网站首页 4.mp4

任务 7.2 制作 GK 商城网站首页 5.mp4

任务 7.2 制作 GK 商城网站首页 6.mp4

任务 7.2 制作 GK 商城网站首页 7.mp4

```html
6   <meta name="viewport" content="width=device-width, initial-scale=1.0">
7   <title>GK商城</title>
8   <link href="https://cdn.bootcdn.net/ajax/libs/normalize/8.0.1/normalize.css" rel="stylesheet">
9    <link href="https://cdn.bootcss.com/font-awesome/4.7.0/css/font-awesome.css" rel="stylesheet">
10  <link href="css/index.css" rel="stylesheet">
11  </head>
12  <body>
13      <!--顶部导航菜单 -->
14      <div id="nav-top-box"></div>
15      <!--页首部分(LOGO、搜索、购物车、主菜单 -->
16      <div id="header-box"></div>
17      <!--banner(分类导航、横幅图、快讯) -->
18      <div class="banner-box container1200"></div>
19      <!--限时秒杀 -->
20      <div class="miaosha-box container1200"></div>
21      <!--手机馆 -->
22      <h1 class="floor-title">1F 手机馆</h1>
23      <div class="floor container1200"></div>
24      <!--计算机馆 -->
25      <h1 class="floor-title">2F 计算机馆</h1>
26      <div class="floor container1200"></div>
27      <!--分隔广告 -->
28      <div class="container1200"><img src="img/logo1200-1.png" Alt=""></div>
29      <!--数码馆 -->
30      <h1 class="floor-title">3F 数码馆</h1>
31      <div class="floor container1200"></div>
32      <!--家电馆 -->
33      <h1 class="floor-title">4F 家电馆</h1>
34      <div class="floor container1200"></div>
35      <!--分隔广告 -->
36      <div class="container1200"><img src="img/logo1200-2.png" Alt=""></div>
37      <!--底部导航与版权信息 -->
38      <div class="footer-box"></div>
39  </body>
40  </html>
```

在上述结构代码中,第8行代码用于引入外链的跨浏览器统一化样式normalize.css,第9行代码用于引入外链的字体图标库样式font-awesome.css,第10行代码用于引入自定义外链样式index.css。

1. 定义全局公共样式

为了清除各浏览器的默认样式,使网页在各浏览器中显示的效果一致,除了引入normalize.css来解决外,还需要对CSS样式进行初始化,并声明一些通用的样式。新建CSS文件index.css并保存,编写全局公共CSS样式,具体代码如下:

```css
1   /* 全局设置 */
2   * {
3       margin: 0;
4       padding: 0;
5       box-sizing: border-box;
6   }
7   body {
8       min-width: 1190px;
9       font: 12px/150% Microsoft YaHei;
10      background-color: #f6f6f6;
11  }
12  a {
13      text-decoration: none;
14  }
15  ul {
16      list-style: none;
17  }
18  .container1000 {
19      width: 1000px;
20      margin: 0 auto;
21  }
22  .container1200 {
23      width: 1200px;
24      margin: 0 auto;
25  }
```

在上述代码中,第 5 行代码设定所有元素的 box-sizing 属性为 border-box,实现为所有元素指定的任何内边距和边框都将在已设定的宽度和高度内进行绘制,因此可方便后面的排版布局操作。

2. 制作首页的顶部导航菜单模块

顶部导航菜单由左右两个盒子构成,效果如图 7-6 所示。当鼠标指针悬停在菜单项上时,菜单文字变为红色。

图 7-6 顶部导航菜单

接下来搭建网页顶部导航菜单的结构。我们继续在 index.html 件中编写该部分的 HTML 结构代码,具体如下:

```html
1   <!--顶部导航菜单模块 -->
2   <div id="nav-top-box">
3       <div class="nav-top container1200">
4           <div class="nav-top-fl">
5               <i class="fa fa-home" aria-hidden="true"></i>
6               <a href="#">GK 商城首页</a>
7           </div>
8           <div class="nav-top-fr">
```

```
9        <ul>
10            <li><a href="#">你好,请登录</a> <a href="#" style="color:
              orangered">免费注册</a></li>
11            <li><a href="#">我的订单</a></li>
12            <li><a href="#">会员中心</a></li>
13            <li><a href="#">客户服务</a></li>
14            <li><a href="#">企业采购</a></li>
15        </ul>
16      </div>
17    </div>
18  </div>
```

在上述代码中,第 5 行代码是在"GK 商城首页"链接前插入一个 font-awesome 字体图标库中的 home 图标 。

接下来在样式表 index.css 中编写对应的 CSS 样式代码,具体如下:

```
1   /* 顶部导航菜单模块 */
2   #nav-top-box {
3       width: 100%;
4       height: 30px;
5       background-color: #e3e4e5;
6       line-height: 30px;
7       border-bottom: 1px solid #ddd;
8   }
9   .nav-top {
10      height: 30px;
11      color: #888;
12  }
13  .nav-top a {
14      color: #888;
15  }
16  .nav-top a:hover {
17      color: orangered;
18  }
19  .nav-top-fl {
20      float: left;
21  }
22  .nav-top-fr {
23      float: right;
24  }
25  .nav-top-fr> ul> li {
26      float: left;
27      margin-right: 15px;
28  }
29  .nav-top-fr> ul> li::before {
30      content: "|";
31      padding-right: 15px;
32  }
```

```
33    .nav-top-fr> ul> li:first-child::before {
34      content: "";
35    }
```

3. 制作页首模块

页首模块由网站名称、搜索栏、购物车、主导航菜单组成,如图 7-7 所示。页首部分由上下两个盒子构成,其中上面的盒子嵌套左、中、右三个子盒子,从左至右分别放入"网站名称""搜索栏""购物车"模块。"购物车"模块初始状态以方形按钮形式展示,当鼠标光标悬停在上方时,展开显示购物车中的商品。展开的购物车商品列表使用表格元素进行布局,具体效果如图 7-8 所示。

图 7-7 页首模块

图 7-8 购物车展开状态

接下来搭建页首模块的结构。将继续在 index.html 文件中编写该部分的 HTML 结构代码,具体如下:

```
1   <!--页首模块 -->
2   <div id="header-box">
3     <div class="header-content container1200">
4       <!--网站名称 -->
5       <div class="logo-box">GK 商城</div>
6       <!--搜索栏 -->
7       <div class="search-box">
8         <input type="text" placeholder="笔记本电脑">
9         <input type="button" value="搜索">
10        <div class="hot-search">
11          <a href="#">华为手机</a>
12          <a href="#">RedMi</a>
13          <a href="#">笔记本电脑</a>
14          <a href="#">微单相机</a>
15          <a href="#">iPhone</a>
```

```html
16      </div>
17    </div>
18    <!--购物车 -->
19    <div class="shopping-cart">
20      <div class="my-cart">我的购物车 <i class="fa fa-shopping-cart" aria-hidden="true"></i></div>
21      <div class="cart-list">
22        <table width="100%">
23          <caption style="text-align: left;">最新加入的商品</caption>
24          <tr>
25            <td><img src="img/computer1.jpg" Alt=""></td>
26            <td>酷睿 i7/i5 游戏台式机组装计算机</td>
27            <td>?4038.00</td>
28          </tr>
29          <tr>
30            <td><img src="img/computer1.jpg" Alt=""></td>
31            <td>酷睿 i7/i5 游戏台式机组装计算机</td>
32            <td>?4038.00</td>
33          </tr>
34          <tr>
35            <td><img src="img/computer1.jpg" Alt=""></td>
36            <td>酷睿 i7/i5 游戏台式机组装计算机</td>
37            <td>?4038.00</td>
38          </tr>
39          <tr>
40            <td colspan="2">共<strong>3</strong>件商品</td>
41            <td><button>去购物车</button></td>
42          </tr>
43        </table>
44      </div>
45    </div>
46  </div>
47  <!--主菜单 -->
48  <div class="nav-main-box container1200">
49    <div class="nav-header">商品分类</div>
50    <ul class="nav-main">
51      <li><a href="#"><i class="fa fa-mobile-phone" aria-hidden="true"></i>手机城</a></li>
52      <li><a href="#"><i class="fa fa-laptop" aria-hidden="true"></i>电脑城</a></li>
53      <li><a href="#"><i class="fa fa-camera" aria-hidden="true"></i>数码城</a></li>
54      <li><a href="#"><i class="fa fa-gift" aria-hidden="true"></i>优惠券</a></li>
55      <li><a href="#"><i class="fa fa-clock-o" aria-hidden="true"></i>秒杀</a></li>
56      <li><a href="#"><i class="fa fa-question" aria-hidden="true"></i>常见问题</a></li>
```

```
57      <li><a href="#"><i class="fa fa-volume-control-phone" aria-hidden="
        true"></i>联系客服</a></li>
58     </ul>
59   </div>
60 </div>
```

在上述第51～57行代码中使用＜i＞标签在每一项菜单文字前添加相应的font-awesome字体图标。

接下来在样式表index.css中编写对应的CSS样式代码,具体如下：

```
1  /* 页首部分(LOGO、搜索栏、购物车、主菜单 */
2  #header-box {
3      width: 100%;
4      height: 140px;
5      background-color: white;
6  }
7  .header-content {
8      height: 100px;
9  }
10 /* 网站名称 */
11 .logo-box {
12     float: left;
13     line-height: 100px;
14     font-size: 3.5em;
15     color: peru;
16 }
17 /* 搜索栏 */
18 .search-box {
19     float: left;
20     margin-left: 200px;
21     padding: 25px 0 0 0;
22 }
23 .search-box>input[type="text"] {
24     width: 460px;
25     height: 36px;
26     border: 2px solid orange;
27     padding-left: 5px;
28     float: left;
29     outline: none;
30 }
31 .search-box>input[type="button"] {
32     width: 80px;
33     height: 36px;
34     background-color: orange;
35     border: 0;
36     font-size: 16px;
37     color: white;
38     outline: none;
```

```css
39      cursor: pointer;
40    }
41    .hot-search {
42      margin-top: 5px;
43    }
44    .hot-search>a {
45      color: #888;
46      margin: 0 5px;
47    }
48    .hot-search>a:hover {
49      color: orangered;
50    }
51    /* 购物车 */
52    .shopping-cart {
53      float: right;
54      position: relative;
55      margin-top: 25px;
56      margin-right: 15px;
57    }
58    .shopping-cart:hover {
59      box-shadow: 0px 0px 5px rgba(0, 0, 0, .3);
60    }
61    .shopping-cart:hover .cart-list {
62      display: block;
63    }
64    .shopping-cart:hover .my-cart {
65      background-color: white;
66      border-bottom: none;
67    }
68    .my-cart {
69      width: 150px;
70      height: 36px;
71      background-color: #f9f9f9;
72      border: 1px solid #ddd;
73      text-align: center;
74      line-height: 36px;
75      color: orangered;
76      position: relative;
77      z-index: 9;
78    }
79    .my-cart::after {
80      content: "3";
81      display: block;
82      width: 14px;
83      height: 14px;
84      color: white;
85      background-color: orangered;
86      border-radius: 50% 50% 50% 0%;
```

```css
87      text-align: center;
88      line-height: 13px;
89      position: absolute;
90      right: 20px;
91      top: 5px;
92   }
93   .cart-list {
94      width: 300px;
95      height: auto;
96      position: absolute;
97      right: 0px;
98      background-color: white;
99      border: 1px solid #ddd;
100     padding: 10px;
101     z-index: 1;
102     margin-top: -1px;
103     box-shadow: 0px 0px 5px rgba(0, 0, 0, .3);
104     display: none;
105  }
106  .cart-list td {
107     border-top: 1px dashed #ddd;
108     padding: 5px;
109  }
110  .cart-list img {
111     width: 40px;
112     border: 1px solid #ddd;
113  }
114  .cart-list table tr>td:nth-child(3) {
115     font-weight: 700;
116     text-align: right;
117  }
118  .cart-list button {
119     background-color: orangered;
120     color: white;
121     padding: 8px;
122     border: 0;
123     border-radius: 3px;
124     white-space: nowrap;
125     cursor: pointer;
126  }
127  /* 主菜单 */
128  .nav-main-box {
129     height: 40px;
130     background-color: #f66500;
131  }
```

```css
132  .nav-header {
133      float: left;
134      width: 215px;
135      height: 40px;
136      line-height: 40px;
137      text-align: center;
138      font-size: 14px;
139      color: white;
140      background-color: #f37617;
141      box-shadow: 1px 0px 5px rgba(0, 0, 0, .3);
142  }
143  .nav-main {
144      float: left;
145  }
146  .nav-main>li {
147      display: inline-block;
148      line-height: 40px;
149      padding: 0 39px;
150      font-size: 14px;
151      position: relative;
152  }
153  .nav-main>li::before {
154      content: "|";
155      position: absolute;
156      right: 0;
157      color: white;
158  }
159  .nav-main>li:last-child::before {
160      content: "";
161  }
162  .nav-main>li>a {
163      color: white;
164      transition: all 0.3s;
165  }
166  .nav-main>li>a:hover {
167      color: rgba(255, 255, 255, .8);
168  }
```

4. 制作横幅 banner 模块（分类导航、横幅图、快讯）

该模块由左、中、右三个盒子构成，左侧盒子制作分类导航，中间盒子放置横幅广告图，右侧盒子制作"商城快讯"栏目，具体效果如图 7-9 所示。

其中在左侧盒子中的分类导航，当鼠标光标悬停在上方时，向右侧展开二级导航，效果如图 7-10 所示。

接下来根据效果图例搭建横幅 banner 模块的结构。我们将继续在 index.html 文件中编写该部分的 HTML 结构代码，具体如下：

项目 7 开发网上商城首页

图 7-9 横幅 banner 模块

图 7-10 分类导航展开效果

```
1   <!--横幅 banner 模块(分类导航、横幅图、快讯) -->
2   <div class="banner-box container1200">
3     <!--分类导航 -->
4     <div class="nav-fl">
5       <div class="nav-item">
6         <h3>手机通信<span>&gt;</span></h3>
7         <div>
8           <a href="#">华为</a><a href="#">小米</a>
9           <a href="#">vivo</a><a href="#">oppo</a>
10        </div>
11        <div class="nav-open">
12          <dl>
13            <dt>更多品类</dt>
14            <dd>
15              <a href="#">手机</a><a href="#">5G 手机</a><a href="#">游戏手机
                </a>
16              <a href="#">手机配件</a><a href="#">手机维修</a>
17            </dd>
18          </dl>
19          <dl>
20            <dt>更多品牌</dt>
```

```
21        <dd>
22            <a href="#">华为</a><a href="#">小米</a><a href="#">红米</a>
23            <a href="#">Vivo</a><a href="#">Oppo</a><a href="#">三星</a>
24            <a href="#">Apple</a><a href="#">Sony</a>
25        </dd>
26      </dl>
27    </div>
28  </div>
29  <div class="nav-item">
30    <h3>计算机办公<span>&gt;</span></h3>
31    <div>
32        <a href="#">笔记本</a><a href="#">台式机</a><a href="#">一体机</a>
33    </div>
34    <div class="nav-open">
35      <dl>
36        <dt>更多品类</dt>
37        <dd>
38            <a href="#">平板电脑</a><a href="#">计算机整机</a><a href="#">显卡</a>
39            <a href="#">主板</a><a href="#">键盘鼠标</a><a href="#">路由器</a>
40            <a href="#">显示器</a><a href="#">打印机</a><a href="#">投影仪</a>
41        </dd>
42      </dl>
43      <dl>
44        <dt>更多品牌</dt>
45        <dd>
46            <a href="#">华为</a><a href="#">小米</a><a href="#">ThinkPad</a>
47            <a href="#">Dell</a><a href="#">HP</a><a href="#">联想</a>
48            <a href="#">宏碁</a><a href="#">外星人</a><a href="#">华硕</a>
49        </dd>
50      </dl>
51    </div>
52  </div>
53  <div class="nav-item">
54    <h3>数码影音<span>&gt;</span></h3>
55    <div>
56        <a href="#">摄影摄像</a><a href="#">耳机耳麦</a>
57    </div>
58    <div class="nav-open">
59      <dl>
60        <dt>更多品类</dt>
61        <dd>
```

```
62              <a href="#">音箱/音响</a><a href="#">智能手表</a><a href="#">无
                人机</a>
63          </dd>
64      </dl>
65      <dl>
66          <dt>更多品牌</dt>
67          <dd>
68              <a href="#">佳能</a><a href="#">尼康</a><a href="#">索尼</a>
69              <a href="#">Beats</a><a href="#">JBL</a><a href="#">大疆</a>
70          </dd>
71      </dl>
72    </div>
73  </div>
74  <div class="nav-item">
75      <h3>家用电器<span>&gt;</span></h3>
76      <div>
77          <a href="#">冰箱</a><a href="#">空调</a>
78          <a href="#">洗衣机</a><a href="#">电视机</a>
79      </div>
80      <div class="nav-open">
81          <dl>
82              <dt>更多品类</dt>
83              <dd>
84                  <a href="#">小家电</a><a href="#">电饭煲</a><a href="#">热水器</
                    a>
85                  <a href="#">抽油烟机</a><a href="#">电风扇</a>
86              </dd>
87          </dl>
88          <dl>
89              <dt>更多品牌</dt>
90              <dd>
91                  <a href="#">美的</a><a href="#">格力</a><a href="#">海尔</a>
92                  <a href="#">海信</a><a href="#">西门子</a><a href="#">松下</a>
93                  <a href="#">飞利浦</a><a href="#">LG</a>
94              </dd>
95          </dl>
96      </div>
97  </div>
98  </div>
99  <!--横幅图 -->
100 <div class="banner"><img src="img/banner.jpg" Alt="banner"></div>
101 <!--商城快讯 -->
102 <div class="fr">
103 <img src="img/pic1.jpg" Alt="">
104 <div class="news-box">
```

```
105        <h3>商城快讯<span class="more">...更多</span></h3>
106        <ul>
107          <li><a href="#">游戏当然选择超宽屏,超宽屏显示器助你轻松上分</a></li>
108          <li><a href="#">游戏当然选择超宽屏,超宽屏显示器助你轻松上分</a></li>
109          <li><a href="#">游戏当然选择超宽屏,超宽屏显示器助你轻松上分</a></li>
110        </ul>
111      </div>
112    </div>
113  </div>
```

接下来在样式表 index.css 中继续编写对应的 CSS 样式代码,具体如下:

```
1   /* 横幅 banner 模块(分类导航、横幅图、快讯) */
2   .banner-box {
3       height: 323px;
4   }
5   /* 分类导航 */
6   .banner-box .nav-fl {
7       width: 215px;
8       height: 323px;
9       float: left;
10      position: relative;
11      background-color: #585858;
12  }
13  .banner-box .nav-item {
14      width: 215px;
15      height: 80.5px;
16      padding: 15px;
17      color: white;
18      border-top: 1px solid #888;
19      transition: all 0.3s;
20  }
21  .banner-box .nav-item:hover {
22      background-color: #353535;
23  }
24  .banner-box .nav-item>h3 {
25      margin-bottom: 10px;
26  }
27  .banner-box .nav-item>h3>span {
28      float: right;
29      transition: all 0.3s;
30  }
31  .banner-box .nav-item:hover>h3>span {
32      transform: translateX(5px);
33  }
34  .banner-box .nav-item>div>a {
```

```css
35      color: white;
36      margin: 5px;
37    }
38    .banner-box .nav-item>div>a:hover {
39      color: orange;
40    }
41    .banner-box .nav-item>.nav-open {
42      position: absolute;
43      top: 2px;
44      left: 215px;
45      width: 400px;
46      height: 320px;
47      background-color: white;
48      box-shadow: 5px 0px 15px rgba(0, 0, 0, .5);
49      padding: 5px 10px;
50      display: none;
51    }
52    .banner-box .nav-item:hover>.nav-open {
53      display: block;
54    }
55    .banner-box .nav-item>.nav-open>dl {
56      width: 170px;
57      height: auto;
58      float: left;
59      margin: 10px;
60    }
61    .banner-box .nav-item>.nav-open>dl>dt {
62      font-size: 14px;
63      font-weight: 700;
64      color: black;
65      line-height: 30px;
66      border-bottom: 1px solid #ddd;
67    }
68    .banner-box .nav-item>.nav-open>dl>dd {
69      width: 100%;
70    }
71    .banner-box .nav-item>.nav-open>dl>dd>a {
72      display: inline-block;
73      line-height: 25px;
74      margin-right: 15px;
75      color: #666;
76    }
77    .banner-box .nav-item>.nav-open>dl>dd>a:hover {
78      color: orangered;
79    }
```

```css
80  /* 横幅图 */
81  .banner-box .banner {
82    float: left;
83  }
84  /* 商城快讯 */
85  .banner-box .fr {
86    float: left;
87    width: 244px;
88    height: 323px;
89    background-color: white;
90  }
91  .banner-box .fr>img {
92    width: 244px;
93    box-shadow: -1px 3px 10px rgba(0, 0, 0, .3);
94    border-radius: 0 0 6px 6px;
95  }
96  .banner-box .fr .news-box {
97    padding: 15px;
98  }
99  .banner-box .fr .news-box h3 {
100   margin-bottom: 5px;
101 }
102 .banner-box .fr .news-box .more {
103   font-size: 12px;
104   float: right;
105   color: #888;
106 }
107 .banner-box .fr .news-box li {
108   width: 100%;
109   white-space: nowrap;
110   overflow: hidden;
111   text-overflow: ellipsis;
112   line-height: 30px;
113 }
114 .banner-box .fr .news-box li::before {
115   content: "【HOT】";
116   font-weight: 700;
117   color: orangered;
118 }
119 .banner-box .fr .news-box a {
120   color: #666;
121 }
```

5. 制作"限时秒杀"模块

"限时秒杀"模块是由最左侧的"秒杀"倒计时盒子和右侧的"商品列表"盒子构成。其中右侧的"商品列表"盒子中并排 4 个单独的商品盒子，在每个商品盒子中放入商品图片、商品名称、商品价格等内容，效果如图 7-11 所示。

图 7-11 "限时秒杀"模块

接下来继续在 index.html 文件中根据图例的效果编写该部分的 HTML 代码，具体代码如下：

```
1   <!--限时秒杀模块 -->
2   <div class="miaosha-box container1200">
3     <!--秒杀倒计时 -->
4     <div class="clock-box">
5       <h1>秒杀</h1>
6       <p>距离结束还剩</p>
7       <div class="sale-count">
8         <div class="sale-count-item">01</div>
9         <div class="sale-count-point">:</div>
10        <div class="sale-count-item">30</div>
11        <div class="sale-count-point">:</div>
12        <div class="sale-count-item">00</div>
13      </div>
14    </div>
15    <!--秒杀商品列表 -->
16    <div class="miaosha-items">
17      <div class="productbox">
18        <img src="img/8eb42ed347ca021a.jpg">
19        <h4>Redmi Note 9 4G 烟波蓝 4GB+ 128GB</h4>
20        <h5>?869</h5>
21      </div>
22      <div class="productbox">
23        <img src="img/105b7c073782e057.png">
24        <h4>雷神 911M 野王新 11 代 8 核,游戏本 11 代 8 核 CPU</h4>
25        <h5>?7599</h5>
26      </div>
27      <div class="productbox">
28        <img src="img/84b1677861a9cb0b.jpg">
29        <h4>联想台式机家用、商用,送显示器套装</h4>
30        <h5>?3999</h5>
```

```
31      </div>
32      <div class="productbox">
33          <img src="img/c21e8920dc588e65.jpg">
34          <h4>TCL 65英寸高色域 AI 声控电视</h4>
35          <h5>?3949</h5>
36      </div>
37      </div>
38  </div>
```

接下来在样式表 index.css 中编写对应的 CSS 样式代码,具体如下:

```
1   /* 限时秒杀模块 */
2   .miaosha-box {
3       height: 300px;
4       margin: 50px auto;
5       background-color: white;
6   }
7   .clock-box {
8       float: left;
9       width: 200px;
10      background-image: url('../img/miaosha.png');
11      background-repeat: no-repeat;
12      height: 300px;
13      background-color: #e1251b;
14      position: relative;
15  }
16  .clock-box>h1 {
17      color: white;
18      text-align: center;
19      font-size: 2.5em;
20      line-height: 70px;
21  }
22  .clock-box>p {
23      position: relative;
24      top: 60px;
25      color: white;
26      text-align: center;
27  }
28  .sale-count {
29      position: absolute;
30      top: 212px;
31      left: 28px;
32      height: 40px;
33  }
34  .sale-count-item {
35      position: relative;
```

```css
36      float: left;
37      width: 35px;
38      height: 40px;
39      text-align: center;
40      background-color: #2f3430;
41      line-height: 40px;
42      font-weight: bold;
43      font-size: 16px;
44      color: white;
45  }
46  .sale-count-point {
47      float: left;
48      line-height: 40px;
49      width: 20px;
50      text-align: center;
51      font-weight: bold;
52      font-size: 16px;
53      color: white;
54  }
55  .miaosha-items {
56      float: left;
57      width: 1000px;
58      height: 300px;
59      background: white;
60  }
61  /* 商品展示模块 */
62  .productbox {
63      float: left;
64      width: 25%;
65      padding: 15px;
66      border-right: 1px solid #eee;
67  }
68  .productbox>img {
69      margin: 0px auto 8px auto;
70      display: block;
71      width:100%;
72  }
73  .productbox>h4 {
74      font-size: 14px;
75      text-align: center;
76      font-weight: normal;
77      height:16px;
78      overflow: hidden;
79  }
80  .productbox>h5 {
```

```
81      font-size: 18px;
82      text-align: center;
83      color: orangered;
84      margin-top: 7px;
85  }
```

6. 制作"主推商品"分层展示模块

该模块主要分为 4 层内容，分别是"1F 手机馆""2F 计算机馆""3F 数码馆""4F 家电馆"。第一层的内容结构是相同的，由左侧的广告图盒子与右侧的商品列表盒子组成。商品列表盒子上方为分类导航，下方则为相应的商品列表。这里的商品盒子与前面所做过的"限时秒杀"里的商品盒子是相同的结构与内容布局。效果如图 7-12 所示。

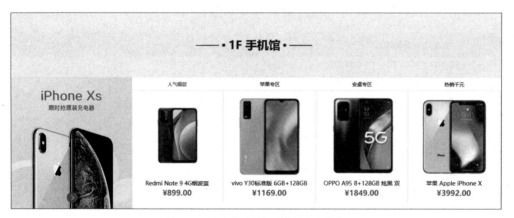

图 7-12 "主推商品"分层展示模块

接下来继续在 index.html 文件中根据图例的效果编写该部分的 HTML 代码，具体代码如下：

```
1   <!--"主推商品"分层展示模块 -->
2   <!--1F 手机馆 -->
3   <h1 class="floor-title">1F 手机馆</h1>
4   <div class="floor container1200">
5       <div class="img-fl">
6           <img src="img/floor1.jpg">
7       </div>
8       <div class="products-box">
9           <ul class="products-nav">
10              <li class="current">人气爆款</li>
11              <li>苹果专区</li>
12              <li>安桌专区</li>
13              <li>热销千元</li>
14          </ul>
15          <div class="products">
16              <div class="productbox">
17                  <img src="img/8eb42ed347ca021a.jpg">
```

```
18      <h4>Redmi Note 9 4G 烟波蓝 4GB+ 128GB</h4>
19      <h5>?899.00</h5>
20    </div>
21    <div class="productbox">
22      <img src="img/11283d5c086c473e.jpg">
23      <h4>vivo Y30 标准版 6GB+128GB 云水蓝 5000mAh 大电池</h4>
24      <h5>?1169.00</h5>
25    </div>
26    <div class="productbox">
27      <img src="img/cfbaa8e965f2c185.jpg">
28      <h4>OPPO A95 8+ 128GB 炫黑 双模 5G</h4>
29      <h5>?1849.00</h5>
30    </div>
31    <div class="productbox">
32      <img src="assets/img/9edbb618e634fa60.jpg">
33      <h4>苹果 Apple iPhone X</h4>
34      <h5>?3992.00</h5>
35    </div>
36   </div>
37  </div>
38 </div>
39 <!--2F 计算机馆 -->
40 <h1 class="floor-title">2F 计算机馆</h1>
41 <div class="floor container1200">
42   <div class="img-fl">
43    <img src="img/floor2.jpg">
44   </div>
45   <div class="products-box">
46   <ul class="products-nav">
47     <li class="current">笔记本</li>
48     <li>组装机</li>
49     <li>台式机</li>
50     <li>一体机</li>
51   </ul>
52   <div class="products">
53    <div class="productbox">
54      <img src="img/06d3b79e3ef003ed.jpg">
55      <h4>RedmiBook Pro 15 增强版 轻薄本</h4>
56      <h5>?4999.00</h5>
57    </div>
58    <div class="productbox">
59      <img src="img/83a265df96417497.jpg">
60      <h4>联想 YogaDuet 二合一平板超薄笔记本电脑</h4>
61      <h5>?8299.00</h5>
62    </div>
```

```html
63      <div class="productbox">
64        <img src="img/2b8185685ce39a3e.jpg">
65        <h4>华为笔记本电脑 MateBook X Pro</h4>
66        <h5>?9999.00</h5>
67      </div>
68      <div class="productbox">
69        <img src="img/44d0d6ebfb615967.jpg">
70        <h4>联想 ThinkBook 15p 高性能笔记本电脑</h4>
71        <h5>?3992.00</h5>
72      </div>
73    </div>
74   </div>
75 </div>
76 <!--分隔广告 -->
77 <div class="container1200"><img src="img/logo1200-1.png" Alt=""></div>
78 <!--3F 数码馆 -->
79 <h1 class="floor-title">3F 数码馆</h1>
80 <div class="floor container1200">
81   <div class="img-fl">
82     <img src="img/floor3.jpg">
83   </div>
84   <div class="products-box">
85   <ul class="products-nav">
86     <li class="current">摄影摄像</li>
87     <li>数码配件</li>
88     <li>影音娱乐</li>
89     <li>智能设备</li>
90   </ul>
91   <div class="products">
92     <div class="productbox">
93       <img src="img/82bd2ce75e8bc579.jpg">
94       <h4>佳能(Canon)EOS 200D II 200D2 迷你单反相机 数码相机(EF-S18-55mm f/4-5.6 IS S</h4>
95       <h5>?4999.00</h5>
96     </div>
97     <div class="productbox">
98       <img src="img/5aa0a356Nf89f11c3.jpg">
99       <h4>DJI 大疆无人机 Inspire 2 四轴专业超清航拍无人机 可变形航拍飞行器</h4>
100      <h5>?19999.00</h5>
101    </div>
102    <div class="productbox">
103      <img src="img/ff861ca6a0c54a37.jpg">
104      <h4>TELESIN GoPro9 全景镜头 Max 镜头组件</h4>
105      <h5>?399.00</h5>
106    </div>
```

```
107      <div class="productbox">
108        <img src="img/5508d806N08b06d04.jpg">
109        <h4>索尼(SONY)FE PZ 28-135mm F4 G OSS 全画幅电动变焦微单镜头 (SELP28135G)
           </h4>
110        <h5>?14499.00</h5>
111      </div>
112    </div>
113   </div>
114 </div>
115 <!--4F 家电馆 -->
116 <h1 class="floor-title">4F 家电馆</h1>
117 <div class="floor container1200">
118    <div class="img-fl">
119    <img src="img/floor4.jpg">
120    </div>
121    <div class="products-box">
122    <ul class="products-nav">
123      <li class="current">大家电</li>
124      <li>小家电</li>
125      <li>智能家电</li>
126      <li>个护健康</li>
127    </ul>
128    <div class="products">
129      <div class="productbox">
130        <img src="img/ec46340c4102e33e.png">
131        <h4>方太太燃气灶</h4>
132        <h5>?4999.00</h5>
133      </div>
134      <div class="productbox">
135        <img src="img/2a98f5de5dc71d22.jpg">
136        <h4>格力空调扇 KS-10X61D</h4>
137        <h5>?429.00</h5>
138      </div>
139      <div class="productbox">
140        <img src="img/5ce24852Neacbca38.jpg">
141        <h4>格力(GREE)超薄家用风扇 KYT-30X60h5</h4>
142        <h5>?147.00</h5>
143      </div>
144      <div class="productbox">
145        <img src="img/f370a28c42da7703.jpg">
146        <h4>惠威(HiVi)家庭影院落地音响套装</h4>
147        <h5>?15879.00</h5>
148      </div>
149    </div>
150   </div>
```

```
151    </div>
152    <!--分隔广告 -->
153    <div class="container1200"><img src="img/logo1200-2.png" Alt=""></div>
```

接下来在样式表 index.css 中编写对应的 CSS 样式代码,具体如下:

```
1    /* 商品分层展示模块 */
2    .floor {
3        height: 320px;
4        margin-bottom: 50px;
5        background-color: white;
6    }
7    .floor-title {
8        text-align: center;
9        background-image: url("../img/floorBG.jpg");
10       background-position: center;
11       font-size: 28px;
12       line-height: 60px;
13       margin-bottom: 50px;
14   }
15   .img-fl {
16       float: left;
17       width: 300px;
18   }
19   .products-box {
20       float: left;
21       width: 900px;
22   }
23   .products-nav {
24       border-bottom: 1px solid #eee;
25       height: 32px;
26   }
27   .products-nav li {
28       line-height: 32px;
29       text-align: center;
30       float: left;
31       width: 25%;
32   }
33   .products-nav li.current {
34       font-weight: bold;
35       color: #ff4800;
36   }
```

7. 制作底部导航与版权信息模块

底部导航与版权信息模块由上下两个盒子构成,其中上方的导航使用定义列表的结构进行制作。具体效果如图 7-13 所示。

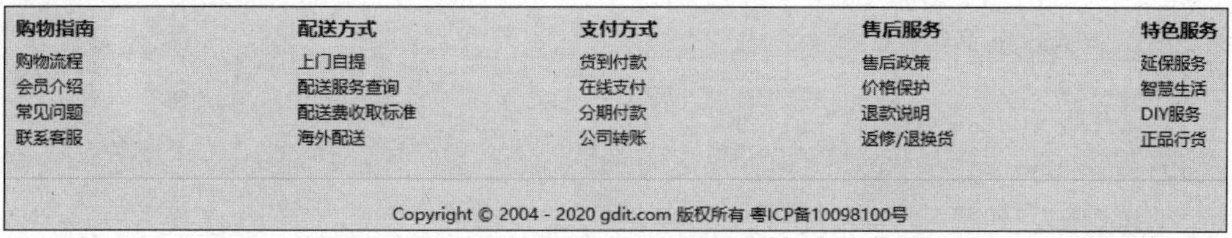

图 7-13 底部导航与版权信息模块

接下来继续在 index.html 文件中根据图例的效果编写该部分的 HTML 代码,具体代码如下:

```
1    <!--底部导航与版权信息 -->
2    <div class="footer-box">
3      <div class="container1000 footer-nav">
4        <dl>
5          <dt>购物指南</dt>
6          <dd>购物流程</dd>
7          <dd>会员介绍</dd>
8          <dd>常见问题</dd>
9          <dd>联系客服</dd>
10       </dl>
11       <dl>
12         <dt>配送方式</dt>
13         <dd>上门自提</dd>
14         <dd>配送服务查询</dd>
15         <dd>配送费收取标准</dd>
16         <dd>海外配送</dd>
17       </dl>
18       <dl>
19         <dt>支付方式</dt>
20         <dd>货到付款</dd>
21         <dd>在线支付</dd>
22         <dd>分期付款</dd>
23         <dd>公司转账</dd>
24       </dl>
25       <dl>
26         <dt>售后服务</dt>
27         <dd>售后政策</dd>
28         <dd>价格保护</dd>
29         <dd>退款说明</dd>
30         <dd>返修/退换货</dd>
31       </dl>
32       <dl>
33         <dt>特色服务</dt>
34         <dd>延保服务</dd>
```

```
35        <dd>智慧生活</dd>
36        <dd>DIY 服务</dd>
37        <dd>正品行货</dd>
38      </dl>
39      <br style="clear: both; ">
40    </div>
41    <div class="container1200 copy">
42      Copyright ? 2004 -2020 gdit.com 版权所有 粤 ICP 备 10098100 号
43    </div>
44  </div>
```

接下来在样式表 index.css 中编写对应的 CSS 样式代码,具体如下:

```
1   /* 底部导航与版权信息 */
2   .footer-box {
3       border-top: 1px solid #ddd;
4       background-color: #eaeaea;
5       margin-top: 50px;
6   }
7   .footer-nav {
8       padding: 20px 0;
9   }
10  .footer-nav >dl {
11      float: left;
12      width: 200px;
13      padding: 0 50px;
14  }
15  .footer-nav >dl >dt {
16      font-size: 14px;
17      font-weight: bold;
18      margin-bottom: 5px;
19  }
20  .copy {
21      text-align: center;
22      padding: 15px;
23      border-top: 1px solid #ddd;
24  }
```

学习任务工单

课 前 学 习	课 中 学 习	课后拓展学习
(1) 完成微课视频和课件的学习。 (2) 发帖讨论:电商类网站设计需要注意哪些问题? (3) 完成单元测试	分小组合作完成电商网站首页的设计	(1) 查阅资料学习京东、淘宝等电商类网站的规划设计。 (2) 将学习中遇到的问题发布在超星平台

小结

本项目介绍了网站规划的步骤,运用 HTML 和 CSS 知识搭建了电商网站首页。

通过本项目的学习,读者能熟悉网站规划流程,能运用 HTML 和 CSS 知识设计企业网站。

思政一刻:线上购物中的信息安全

电子商务在发展过程中也面临安全的威胁,需对信息安全做防护措施。面对现代信息网络的迅速发展,不断提高学生们的信息安全防范意识,提升学生们的安全防护责任感,在步入社会时不能认为"无关紧要"而造成不可估量的损失。通过提升学生们的信息安全防范意识,建立自我防护意识,是面对安全威胁良好方法。对学生树立安全信息防护意识,加强信息安全教育,才能提高整个社会的信息安全性。

参考文献

[1] 周建锋.网页设计与制作教程[M].北京:清华大学出版社,2020.
[2] 黑马程序员.网页设计与制作[M].北京:人民邮电出版社,2018.
[3] 工业和信息化部教育与考试中心.Web前端开发(初级上、下册)[M].北京:电子工业出版社,2019.
[4] 王欣.网页设计与制作(项目式教材)[M].北京:机械工业出版社,2019.
[5] 王会颖.网页设计教学做一体化教程[M].北京:高等教育出版社,2020.
[6] https://www.runoob.com/html/html-tutorial.html.